Mostafa Khattab

Utilização de resíduos de vegetais e frutas na alimentação de ruminantes

Mostafa Khattab

Utilização de resíduos de vegetais e frutas na alimentação de ruminantes

ScienciaScripts

Imprint
Any brand names and product names mentioned in this book are subject to trademark, brand or patent protection and are trademarks or registered trademarks of their respective holders. The use of brand names, product names, common names, trade names, product descriptions etc. even without a particular marking in this work is in no way to be construed to mean that such names may be regarded as unrestricted in respect of trademark and brand protection legislation and could thus be used by anyone.

Cover image: www.ingimage.com

This book is a translation from the original published under ISBN 978-620-2-06208-4.

Publisher:
Sciencia Scripts
is a trademark of
Dodo Books Indian Ocean Ltd. and OmniScriptum S.R.L publishing group

120 High Road, East Finchley, London, N2 9ED, United Kingdom
Str. Armeneasca 28/1, office 1, Chisinau MD-2012, Republic of Moldova, Europe
Printed at: see last page
ISBN: 978-620-8-21060-1

RESUMO

Foi estudado o efeito da silagem de resíduos de mercados de vegetais e frutas na qualidade da silagem, no desaparecimento in vitro da matéria seca e no desempenho produtivo de cabras em lactação. Foram produzidos onze tipos de silagens a partir de resíduos de mercados de legumes e frutas (VFMW). Todas as diferentes formas de silagem tratadas com ácidos fórmico, propiónico, acético ou com bactérias do ácido lático (BAL) ou com uma combinação de ambos, para além da silagem de controlo feita a partir de resíduos de mercados de legumes e frutas, foram ensiladas com 3% de palha de trigo para ajustar o teor de humidade dos materiais ensilados. Todas as silagens foram colocadas em sacos de plástico e armazenadas à temperatura do laboratório durante 45 dias. O pH da silagem, o NH_3-N e os ácidos gordos voláteis não foram significativamente diferentes entre os tratamentos. As silagens tratadas com LAB, ácido fórmico e LAB+ácido fórmico melhoraram a matéria seca in vitro (IVDMD) em comparação com outros tratamentos (ácidos propiónico e acético, ácido fórmico + ácido acético, ácido fórmico + ácido propiónico, bactérias do ácido lático + ácido propiónico, bactérias do ácido lático + ácido acético e ácido propiónico + ácido acético, para além do controlo).

Seis cabras Zaraibi em lactação, após 7 dias de parição, foram divididas em três grupos, utilizando um desenho de quadrado latino 3x3, para estudar o efeito dos tratamentos na digestibilidade dos nutrientes, na produção e na composição do leite. Os animais foram alimentados com dietas baseadas em 50% de concentrado: 50% de forragens grosseiras. O primeiro grupo foi alimentado com uma mistura de alimentos concentrados (CFM) e a fonte de forragem grosseira foi a Darawa (T1). O segundo grupo foi alimentado com 50% de CFM + 50% de silagem de resíduos de mercado de vegetais e frutos tratados com bactérias lácticas (T2). O terceiro grupo foi alimentado com 50% de CFM + 50% de silagem de VFMW tratada com ácido fórmico (T3).

As digestibilidades de DM, OM, CP, CF e EE foram significativamente ($P <0,05$) aumentadas com silagens tratadas em comparação com T1. O nitrogênio total do rúmen aumentou ligeiramente em T3 seguido por T2 e depois T1. O teor de azoto amoniacal diminuiu com os grupos tratados em comparação com T1. A produção de leite foi ligeiramente superior em T2, seguida de T3 e depois T1. No entanto, os teores de proteína total, gordura e sólidos não gordurosos do leite não diferiram significativamente ($P>0,05$) entre os tratamentos. Enquanto que a lactose do leite registou um aumento significativo ($P<0,05$) em T2 seguido de T3 e depois T1. A glucose no plasma sanguíneo aumentou ligeiramente com T2 e T3 em comparação com T1. A ureia aumentou ($P<0,05$) com T3 e T1 em comparação com T2.

Introdução

Os resíduos do mercado de legumes e frutas são os resíduos da transformação de legumes e frutas no mercado. Estes resíduos são considerados uma fonte de poluição muito grande e materiais não utilizados que têm um elevado teor de humidade, o que aumenta a disponibilidade para azedar. Estes materiais são frequentemente de elevado valor nutricional. Muitos estudos foram realizados para avaliar a utilização destes resíduos como alimentos não convencionais para ruminantes; um dos obstáculos encontrados para a utilização destes materiais como alimentos para ruminantes é o seu elevado teor de humidade, que facilita a sua rápida deterioração e dificulta a sua conservação durante muito tempo. Por isso, foram feitos muitos esforços para encontrar o método adequado de preservação destes resíduos. Os principais métodos desses estudos são de dois tipos: a desidratação e a ensilagem. A desidratação é considerada um bom método para preservar os resíduos durante muito tempo, mas aumenta o custo de produção porque o custo de produção de uma tonelada de produto seco (88-90% MS) requer cerca de 250-300 litros de combustível e 200 KW de eletricidade **(Lien et al., 1994; Bauque e Fiems 1988; Hadjipanayiotou 1993 e 1994; Kayouli et al., 1993 e Kayouli e lee 1998)**. Assim, o tipo de conservação mais adequado para estes materiais é: Ensilagem; No caso dos resíduos do mercado de legumes e frutas, a ensilagem pode ser o método adequado de preservação, porque pode ser usado eficientemente para alimentação estratégica fora de época, também fornece uma fonte de alimentação barata para pequenos agricultores a nível de aldeia e melhora a palatabilidade dos alimentos, reduz significativamente os substratos tóxicos apresentados em alguns vegetais frescos para um nível seguro e destrói microorganismos nocivos possivelmente presentes nesses resíduos. Pode também constituir uma importante fonte de alimentação como ração de base e como suplemento alimentar para animais ruminantes **(Kayouli e lee 1998).**

O sucesso da fermentação da silagem depende da obtenção de condições anaeróbicas e de um pH baixo (inferior a 4,4) **(Flynn 1981).** O pH baixo é geralmente conseguido através da fermentação de açúcares nos materiais ensilados em ácido lático por bactérias de ácido lático ou pela adição de alguns ácidos orgânicos e inorgânicos como fórmico e propiónico **(O'Kiely, 1996, Kung e Ranjit, 2001 e Adesogan e Salawu, 2004)** ou sais orgânicos como propionato, acetato e formiato **(Adesogan et al., 2003 e Kholif et al. 2007).**

Revisão da literatura

Nos últimos anos, foram efectuados muitos estudos para avaliar os subprodutos agro-industriais e os resíduos do mercado de frutas e legumes como alimentos não convencionais para ruminantes (laranja, vagens de ervilha, batata, tomate, cenoura e alcachofra , etc.) **(Lashin et al.1995; Gabr et al. 1996; Khalil, 2001 e Kholif et al., 2007).** O tema tem recebido uma atenção considerável devido ao facto de estes resíduos causarem uma poluição ambiental. Por outro lado, existe uma escassez de alimentos e forragens para a alimentação animal. Como já foi referido, o método mais adequado para conservar estes materiais é a ensilagem, porque a silagem está a assumir uma importância cada vez maior na alimentação dos animais devido ao aumento do custo dos concentrados alimentares em todo o mundo **(Woolford, 1984).**

1. Composição química:

1.1. Efeito da ensilagem de resíduos de mercado de legumes e frutas na composição química:

A composição química dos resíduos do mercado de legumes e frutas é afetada por alguns factores como a estação do ano, o local e o tipo de legumes e frutas no mercado. De um modo geral, parece que estes resíduos têm um elevado valor nutricional, apesar do seu elevado teor de humidade, que aumenta a palatabilidade destes materiais.

Khalil (2001) estudou a composição química da silagem de resíduos de mercado de vegetais e frutas, sendo 33,58%, 86,41%, 14,66%, 2,66%, 22,71% 46,38% e 13,59% para MS, MO, PC, EE, CF, NFE e cinzas, respetivamente. Enquanto, **Kholif et al. (2007)** relataram que a silagem de resíduos do mercado de vegetais e frutas foi de 34,3, 86,76, 15,36, 2,20, 21,32 e 47,87% para DM, OM, CP, EE, CF e NFE, respetivamente.

Lashein et al. (1995) testaram dois tipos de silagem: 1) consistia em vagens de ervilha, resíduos de citrinos (2:1) e 3% de melaço e 2) vagens de ervilha, resíduos de alcachofra (2:1) e 3% de melaço. Relataram que a composição química do primeiro tipo de silagem era de 29,9% de MS, 11,95% de PC, 25,73% de CF, 7,54% de EE, 9,8% de cinzas e 44,98% de NFE. O segundo tipo de silagem tinha 28,7% de MS, 10,2% de PC, 30,3% de CF, 4,3% de EE, 12,2% de cinzas e 43,1% de NFE, respetivamente.

Gabr et al. (1996) referiram que a composição química dos resíduos do mercado de vegetais e fruta com silagem de palha de milho (1:1) e dos resíduos do mercado de vegetais e fruta com silagem de palha de milho (2:1) era de 66,33% de MS, 76,04% de MO, 8,76% de PC, 2,18% de EE, 20,30% de CF, 44,80% de NFE e 23,96% de cinzas para a primeira silagem. Enquanto que, o segundo tipo de silagem foi 64,23% DM, 79,25% OM, 66% CP, 2,47% EE, 21,02% CF, 44,10% NFE e 20,75% Ash.

Volanis et al. (2004) estudaram o efeito da ensilagem de laranja fatiada na composição química. Os resultados foram 25,0% de MS, 7,71% de cinzas, 11,8% de CF, 1,76% de gordura e 12,3% de PC antes da ensilagem. Mas após a ensilagem foram 21,0% de MS, 7,93% de cinzas, 12,9% de CF, 2,30% de gordura e 13,4% de PC. Mas, noutro estudo, **Volanis et al. (2006)** referiram que a composição química da silagem de polpa de citrinos era de 18,3%, 15,6%, 15,6%, 15,4% e 2,7% para a MS, PC, CF, EE e Cinzas, respetivamente.

Mustafa et al. (2002) estudaram os efeitos da cultivar na composição química da silagem de ervilha *(Pisum sativum* L.). As cultivares avaliadas foram Lenca (L), Carneval (C) e Delta (D). A análise química da silagem de 70 dias mostrou que a cultivar L continha maiores teores de fibra em detergente neutro (FDN) e fibra em detergente ácido (FDA) e menores teores de amido do que C e D. A proteína bruta foi maior para C (20,5% MS), intermediária para D (19,0% MS) e menor para L (17,9% MS). A distribuição das fracções proteicas mostrou que L contém menos proteínas solúveis e níveis mais elevados de NDICP do que as outras duas cultivares de ervilha. No entanto, não foram observadas diferenças nos níveis de proteína insolúvel em detergente ácido entre as três cultivares.

1.2. Efeito do tratamento da silagem com bactérias do ácido lático na composição química:

Okine et al. (2005) estudaram o efeito da adição de dois inoculantes bacterianos na ensilagem sobre a alteração da composição nutricional da silagem de polpa de batata em duas experiências separadas realizadas à escala laboratorial utilizando inoculantes bacterianos: *Lactobacillus rhamnosus* sozinho, *Rhizopus oryzae* sozinho e uma aplicação combinada dos dois inoculantes. A DM, OM, CP, NDF, ADF e EE foram de 15,8, 97,4, 4,9, 35,3, 33,7 e 0,61% EE para a silagem de controlo, no entanto a DM, OM, CP, NDF, ADF e EE foram de 16,1, 96,9, 4,96, 35, 33,4 e 0,65% EE para a silagem tratada com *Lactobacillus rhamnosus.* Além disso, DM, OM, CP, NDF, ADF e EE foram 15,9, 97,4, 5,03, 36,5, 33,4 e 0,61% para silagem tratada com *Rhizopus oryzae* e a composição química para a silagem final tratada com aplicação combinada dos dois inoculantes foi 16% DM, 96,9% OM, 4,99% CP, 34% NDF, 32,7% ADF e 0,63% EE.

Cai et al. (1999) utilizaram duas estirpes de bactérias do ácido lático isoladas de culturas forrageiras *(Lactobacillus casei e Lactobacillus plantarum)* como aditivos a uma taxa de $1x10^5$ cfu/g de matéria fresca para alfafa e azevém italiano e o seu efeito na composição química da silagem tratada. O resultado após 40 dias de ensilagem da luzerna foi de 45,94% de MS, 0,087% de hidratos de carbono solúveis em água (WSC) e 10,03% de perdas de MS para a silagem de controlo. A silagem tratada com *Lactobacillus casei* foi de 46,25% de MS, 1,18% de WSC e 7,55% de perdas de MS. Além disso, a silagem tratada com *Lactobacillus plantarum* foi de 46,02% de MS, 1,4% de CMS e 8,86% de perdas de MS. No entanto, os resultados do azevém italiano foram pouco diferentes: 21,05% de MS, 1,63% de CMS e 4,95% de perdas de MS para a silagem de controlo, mas a silagem tratada com *Lactobacillus casei* foi de 21,32% de MS, 2,22% de CMS e 3,53% de perdas de MS.

Ranjit e Kung (2000) compararam o efeito de duas estirpes de bactérias do ácido lático *(Lactobacillus buchneri* e *Lactobacillus plantarum)* na composição química da silagem de milho de planta inteira tratada com duas taxas de aplicação ($1x10^5$ e $1x10^6$ cfu/g) para a primeira estirpe, enquanto foram utilizadas duas estirpes diferentes de *Lactobacillus plantarum* a uma taxa de $1x10^6$ cfu/g. Os resultados obtidos foram (28,6%, 3,68%, 9,70%, 0,142%, 26,5% e 46,2% para MS, WSC, CP, NH3-N, ADF e NDF para a silagem de controlo), a silagem tratada com *Lactobacillus buchneri* à taxa de $1x10^5$ cfu/g foi (30,2%, 3,68%, 9,70%, 0,129%, 25,2% e 44,0% para MS, WSC, CP, NH3-N, ADF e NDF). Enquanto que, a silagem tratada com a mesma estirpe a uma taxa de 1x106 ufc/g foi de 29,7%, 1,53%, 9,78%, 0,131%, 27,2% e 45,6% para MS, WSC, CP, NH3-N, ADF e NDF. Sempre que os dados observados do tratamento da silagem com a primeira estirpe de *Lactobacillus plantarum* foram (29,9%, 3,13%, 9,45%, 0,135%, 25,2% e 44,2% para MS, WSC, CP, NH3-N, ADF e NDF). Mas a segunda estirpe de *Lactobacillus plantarum* foi de 30%, 3,98%, 9,35%, 0,130%, 24,6% e 43,0% para MS, WSC, CP, NH3-N, ADF e NDF.

Kung et al. (2003) estudaram o efeito do *Lactobacillus buchneri* 40788 e o resultado após 56 dias de ensilagem para a composição química da silagem de luzerna tratada foi de 36,8% de MS e 0,78% de WSC para a silagem de controlo, mas foi de 36,4% de MS e 0,68% de WSC para a silagem tratada com *Lactobacillus buchneri* à taxa de $1x10^5$ cfu/g de forragem fresca. A silagem tratada a uma taxa de $5x10^5$ ufc/g foi de 35,7% de MS e 0,71% de WSC. O resultado da silagem tratada com a taxa de $1x10^6$ cfu/g foi de 37,4% de MS e 0,65% de WSC.

Filya (2003) estudou o efeito da adição de *Lactobacillus buchneri* sozinho ou em combinação com *Lactobacillus plantarum* na composição química da silagem de milho e silagem de sorgo após 90 dias de ensilagem: Controlo: (21,6%, 3,15%, 0,262% e 1,65% para MS, WSC, NH_3-N e perda de peso, respetivamente), *L. buchneri: (21,4%,* 0,64%, 0,285% e 3,26% para MS, WSC, NH_3-N e perda de peso, respetivamente), *L. plantarum* : (21,7%, 2,54% , 0,211% e 0.75% para MS, CMS, NH_3-N e perda de peso, respetivamente) e *L. buchneri* + *L. plantarum:* (21,5%, 1,03%, 0,220% e 1,14% para MS, CMS, NH_3-N e perda de peso, respetivamente). **Aksu et al. (2004)** prepararam dois tipos de silagem de milho: o controlo não tinha aditivos e a outra silagem foi tratada com um inoculante bacteriano contendo bactérias homofermentativas e heterofermentativas do ácido lático (*L. plantarum, L. brevis, L. bunscheri, L. rhamnosus* e *P. pentosaceus).* Ambas as silagens foram armazenadas em recipientes de plástico com capacidade para 100 kg durante dois meses e a composição nutricional foi determinada. Os dados obtidos foram 20,61% de MS, 87,8% de MO, 5,29% de PC, 8,05% de cinzas, 36,19% de ADF e 57,65% de NDF para a silagem de controlo, enquanto a silagem tratada foi 19,23% de MS, 87,7% de MO, 5,42% de PC, 8,39% de cinzas, 35,03% de ADF e 57,11% de NDF, respetivamente.

1.3. Efeito do tratamento da silagem com ácido fórmico na composição química: Kholif et al. (2007) investigaram cinco tipos de silagem feitos a partir de resíduos de mercados de frutas e legumes (VFMW) para avaliar o efeito dos tratamentos na composição química da silagem. Os diferentes tipos de silagem foram: VFMW (S1), VFMW + 5% de ácido orto-p (S2), VFMW + 5% de ácido fórmico (S3), VFMW + 5% de ácido orto-p: fórmico 1:1 (S4) e VFMW + 5% de acetato de sódio (S5). A composição química dos diferentes tipos de silagem mostrou que a suplementação de agentes químicos à silagem VFMW (S2, S3, S4 e S5) aumentou significativamente os teores de matéria seca, matéria orgânica, proteína bruta, extrato etéreo e extrato isento de azoto, enquanto o teor de fibra bruta diminuiu significativamente ($P<0,01$) com a silagem tratada em comparação com o controlo (S1).

Nagel e Broderick (1992) testaram o tratamento da silagem de luzerna com ácido fórmico e formaldeído e o seu efeito na composição química. Os resultados obtidos mostraram que a silagem tratada com ácido fórmico apresentava valores mais baixos de MS, ADF, azoto total, aminoácidos livres, NPN e NH_3-N, seguida da silagem tratada com formaldeído e depois do controlo.

Aksu et al. (2006) examinaram a produção de silagens de milho com baixa ou alta concentração de ácido lático, proporcionada pela adição de ácido fórmico (0,5%), melaço (5%) ou inoculante microbiano (bactérias lácticas homofermentativas, 10 g/ton). Os resultados da composição química mostraram que o teor de MS nos tratamentos com ácido e inoculante bacteriano foi inferior ao do controlo e do tratamento com melaço. Os teores de ADF e NDF nos tratamentos de controlo e ácido foram superiores aos dos tratamentos com enzimas e melaço. As concentrações de ácido lático no controlo e no tratamento com ácido foram inferiores às dos tratamentos com enzimas e melaço.

Guo et al. (2007) investigaram diferentes tratamentos de ácido fórmico, formaldeído, ácido tânico e suas misturas no teor de proteína bruta da silagem e no NPN. Verificaram que o tratamento com ácido fórmico, formaldeído e mistura de ácido fórmico + formaldeído aumentou significativamente a percentagem de proteína bruta em comparação com o controlo, o ácido tânico e outras misturas investigadas. Por outro lado, o teor de NPN foi significativamente mais elevado no controlo, seguido do tratamento com ácido fórmico, formaldeído e ácido tânico.

2. Qualidade da silagem:

2.1. Efeito da ensilagem de resíduos do mercado de legumes e frutas na qualidade da silagem:

Khalil (2001) investigou três tipos de silagem ((S1) resíduos do mercado de vegetais +3% de resíduos do mercado de fruta, (S2) resíduos do mercado de vegetais +3% de melaço e (S3) resíduos do mercado de vegetais +3% de milho amarelo moído sobre a qualidade da silagem, os resultados para os valores de pH foram 4,00, 4,68 e 4,68 para S1, S2 e S3, respetivamente. As concentrações de ácido lático foram de 79,35%, 39,90% e 41,63% para S1, S2 e S3, respetivamente. Enquanto o ácido butírico foi de 2,80%, 16,47% e 20,94% para S1, S2 e S3, respetivamente. Além disso, **Mustafa et al. (2002) determinaram** os efeitos da cultivar nas caraterísticas de ensilagem da silagem de ervilha *(Pisum sativum* L.). As cultivares avaliadas foram Lenca, Carneval e Delta. As diferenças de pH entre as três forragens ensiladas num determinado tempo de ensilagem foram mínimas e as silagens de 70 dias das três cultivares de ervilha estavam todas bem preservadas, como indicam os baixos valores de pH. O ácido lático aumentou no dia 4th após a ensilagem, diminuiu ($P < 0{,}05$) acentuadamente do dia 4 ao dia 8, e depois estabilizou. A queda rápida do pH observada entre o primeiro dia e o dia 4 coincidiu com o pico do ácido lático.

No entanto, não foi detectado ácido butírico nas silagens do estudo, pelo que a fermentação clostridial não pode estar implicada. Nas condições do estudo, parece que existem pequenas diferenças entre as três cultivares de ervilha em termos de parâmetros de ensilagem (pH, ácido lático e concentrações de ácido acético).

Adesogan et al. (2002) estudaram o efeito da alimentação com silagem de gramíneas ou forragens de duas culturas de trigo e ervilha que diferiam em maturidade na colheita e na relação ervilha/trigo na qualidade da silagem. Duas bi-culturas semeadas com rácios de ervilha para trigo de 25:75 (ervilha baixa; LP) ou 75:25 (ervilha alta; HP) com base no teor de matéria seca na silagem (DM) foram cultivadas em cada metade de campos de 6,5 e 3,5 ha e colhidas após 13 (corte 1; C1) ou 15 (corte 2; C2) semanas de crescimento. O efeito do rácio ervilha/trigo no conteúdo de NDF, WSC, ácido fórmico e ácido lático dependeu da maturidade na colheita. A forragem LP C2 teve a maior FDN e os menores teores de ácido lático, fórmico e acético. Os teores de etanol, ácido propiónico e butírico foram mais elevados ($P < 0{:}05$) no C1 do que no C2. O tratamento HP deu maiores teores de etanol e menores teores de ácido propiónico do que o tratamento LP.

2.2. Efeito do tratamento da silagem com bactérias do ácido lático na qualidade da silagem:

Okine et al. (2005) testaram o efeito da adição de dois inoculantes bacterianos (Lactobacillus *rhamnosus* sozinho (L), *Rhizopus oryzae* (R) sozinho e uma aplicação combinada de inoculantes (RL) na ensilagem sobre a qualidade da fermentação da silagem de polpa de batata (PPS). O pH da PPS diminuiu acentuadamente com ou sem os inoculantes nos primeiros dias de ensilagem, mas diminuiu gradualmente após uma semana e continuou a diminuir até ao 50th dia de ensilagem. A inoculação com R e L diminuiu significativamente o pH do PPS em comparação com o controlo. A produção de ácido lático aumentou em todos os tratamentos com os dias de ensilagem, mas foi significativamente mais baixa com a inoculação com R. A produção de ácido lático foi significativamente mais elevada em PL do que em PR após 50 dias de ensilagem, mas não mais elevada do que a silagem não tratada. No entanto, a aplicação combinada dos dois inoculantes não teve qualquer efeito significativo na produção de ácido lático em relação ao controlo. A concentração de ácido acético, o único ácido gordo volátil detectado no PPS, aumentou com os dias de ensilagem e foi significativamente mais elevada no PR e RL em comparação com o controlo.

Cai et al. (1999) estudaram o efeito de duas estirpes de bactérias do ácido lático isoladas de culturas forrageiras *(Lactobacillus casei e Lactobacillus plantarum)* como aditivos a uma taxa de 1x105 ufc/g de matéria fresca para silagem de luzerna, silagem de azevém italiano e silagem de sorgo. Os resultados indicaram que o tratamento de silagens (os três tipos de forragens) com inoculantes bacterianos diminuiu significativamente os valores de pH, ácido acético, ácido propiónico e concentrações de amoníaco N (g/kg DM) para silagens tratadas. Mas aumentaram significativamente as concentrações de ácido lático nas silagens tratadas com alfafa, azevém italiano e sorgo, em comparação com as silagens não tratadas. **Ranjit e Kung (2000)** investigaram o efeito da aplicação de duas estirpes de bactérias do ácido lático *(Lactobacillus buchneri* e *Lactobacillus plantarum)* na qualidade da silagem de milho de planta inteira tratada com duas taxas de aplicação (1x105 e 1x106 cfu/g) para a primeira estirpe, enquanto que duas estirpes diferentes de *Lactobacillus plantarum30114* e *Lactobacillus plantarum30115* foram utilizadas a uma taxa de $1x10^6$ cfu/g e obtiveram os seguintes resultados: Os valores de pH foram 3.66, 3,67, 3,72, 3,73 e 3,68 para o controlo, *L. buchneri* (1x105cfu/g), *L. buchneri* (1x106cfu/g), *L. plantarum30114* e *L. plantarum30115* para as silagens tratadas, respetivamente. Mas as concentrações de lactato total diminuíram, sendo de 7,72, 7,17, 6,35, 7,00 e 7,24% da MS para o controlo, *L. buchneri* ($1x10^5$ cfu/g), *L. buchneri* ($1x10^6$ cfu/g), *L. plantarum30114* e *L. plantarum30115* nas silagens tratadas, respetivamente. Enquanto as concentrações de ácido butírico não diferiram significativamente entre os tratamentos.

Além disso, **Whiter e Kung (2001)** utilizaram duas formas de *Lactobacillus plantarum* (inoculantes líquidos e inoculantes secos) com silagem murcha a 30 e 54% de matéria seca e examinaram o seu efeito no pH da silagem, nas concentrações de ácido lático e ácido acético. Os resultados foram os seguintes: a forma líquida e seca dos inoculantes diminuiu rapidamente o pH em relação ao controlo, mas no momento final (45 dias) o valor do pH para todas as silagens não diferiu para as silagens com 30% de MS e diferiu entre os tratamentos no controlo das silagens com 54% de MS. As silagens têm valores de pH mais elevados do que as silagens tratadas com inoculantes secos e as silagens tratadas com inoculantes líquidos. A concentração de ácido lático para 30% de MS foi de 8,21, 7,89 e 7,71 % de MS para o controlo, inoculante líquido e inoculante seco, respetivamente. Enquanto que, para silagens com 54% de MS, a concentração de ácido lático foi de 5,09, 4,90 e 4,75 % da MS para o controlo, inoculante líquido e inoculante seco, respetivamente. Além disso, as concentrações de ácido acético foram de 3,1, 2,67 e 2,54% da MS para o controlo, inoculante líquido e inoculante seco, respetivamente, em silagens com 30% de MS. Mas foram 0,59, 0,40 e 0,42% da MS para o controlo, inoculante líquido e inoculante seco, respetivamente, em silagens com 54% de MS.

Hristov e McAllister (2002) examinaram o efeito de três inoculantes A, B e C de *Lactobacillus* *plantarum* (quatro, quatro e cinco estirpes, em A, B e C, respetivamente) e duas estirpes de *Enterococcus faecium* (comum aos três inoculantes) na qualidade da silagem. Os resultados mostraram que os valores de pH eram de 4,69, 4,69, 4,65 e 4,66 para a silagem de controlo, a silagem A, a silagem B e a silagem C, respetivamente. Mas a concentração de ácido lático foi de 37,7, 40,5, 42,2 e 41,9 g/kg de MS para o controlo, A, B e C, respetivamente. Enquanto a concentração de ácido acético foi de 8,3, 7,1, 7,8 e 9,9 g/kg de MS para o controlo, A, B e C, respetivamente. O ácido butírico foi de 0,1 g/kg de MS ou não foi detectado no controlo, A, B e C, respetivamente.

Kung et al. (2003) compararam três taxas de aplicação de *lactobacillus buchneri* 40788 (1x105 cfu/g), (5x105 cfu/g) e ($1x10^6$ cfu/g) com silagem de controlo na qualidade da silagem e os resultados obtidos após 56 dias de ensilagem, a silagem de controlo tem os valores mais baixos de pH (4,38), ácido acético (4,24% da MS), ácido propiónico (0,06% da MS) e concentração de etanol (0,45% da MS). Enquanto o tratamento com a terceira taxa de *lactobacillus buchneri* 40788 aumentou significativamente os valores de pH (4,58), ácido acético (6,49% da MS) e concentrações de etanol (0,62% da MS). A concentração de ácido lático foi mais elevada na segunda taxa de aplicação, depois na terceira taxa, depois na primeira taxa e depois no controlo, mas as diferenças não foram significativas (3,37, 3,42, 3,73 e 4,12% da MS, respetivamente).

2.3. Efeito do tratamento da silagem com ácido fórmico na qualidade da silagem:

Kholif et al. (2007) referiram que o tratamento de resíduos de mercados de frutas e legumes com diferentes tratamentos químicos era o seguinte VFMW (S1), VFMW + 5% de ácido ortofosfórico (S2), VFMW + 5% de ácido fórmico (S3), VFMW + 5% de ácido ortofosfórico 1:1: ácido fórmico (S4) e VFMW + 5% de acetato de sódio (S5). Os resultados indicaram que os valores de pH do sumo prensado das silagens estavam dentro da gama desejável de pH de silagem de boa qualidade (3,9 a 4,8). As silagens S2 e S5 apresentaram valores de pH significativamente inferiores aos do controlo. As concentrações de amoníaco N e de ácido lático não foram afectadas pelos tratamentos. A concentração de ácido butírico foi significativamente mais elevada com ácido ortofosfórico e mais baixa com ácido fórmico + ácidos ortofosfóricos em comparação com o controlo. A silagem tratada com ácido fórmico registou o valor mais baixo, ao passo que a silagem tratada com ácido ortofosfórico registou o valor mais elevado de ácido butírico. O valor do pH, as concentrações de amoníaco N, ácido lático e ácido butírico aumentaram significativamente com o tempo de ensilagem.

O'Kiely (1996) comparou o tratamento de erva com ácido fórmico e inoculantes bacterianos *(Lactobacillus plantarum)* e examinou a qualidade da silagem. Os valores de pH foram de 3,8, 3,8 e 4,0 para a silagem de controlo, a silagem tratada com ácido fórmico e a silagem tratada com inoculantes bacterianos, respetivamente. A amónia-N foi de 77, 60 e 106 g/kg N para a silagem de controlo, a silagem tratada com ácido fórmico e a silagem tratada com inoculantes bacterianos, respetivamente. A concentração de ácido lático foi de 136, 110 e 123 g/kg de MS para a silagem de controlo, a silagem tratada com ácido fórmico e a silagem tratada com inoculantes bacterianos, respetivamente. Enquanto que o ácido butírico foi de 1, 1 e 3 g/kg de MS para a silagem de controlo, silagem tratada com ácido fórmico e silagem tratada com inoculantes bacterianos, respetivamente.

Adesogan e Salawu (2004) estudaram o efeito do tratamento da silagem de ervilha Setchey de cultura inteira com ácido fórmico e inoculante bacteriano (*Lactobacillus buchneri, Lactobacillus* *plantarum e Pediococcus pentosaceus)* na qualidade da silagem. Os resultados indicaram que o tratamento com ácido fórmico tem melhor

efeito na qualidade da silagem (4,19, 13,9, 5,0, 1,80, 0,01 e 4,9 g/kg DM para pH, ácido lático, ácido acético, ácido propiónico, ácido butírico e etanol, respetivamente) na silagem tratada com ácido fórmico. Por outro lado, as silagens tratadas com inoculantes bacterianos foram de 4,52, 12,0, 38,9, 3,28, 0,02 e 5,2 g/kg de MS para pH, ácido lático, ácido acético, ácido propiónico, ácido butírico e etanol, respetivamente. **Aksu et al. (2006)** examinaram a produção de silagens com baixas ou altas concentrações de ácido lático, proporcionadas pela adição de ácido fórmico (0,5%), melaço (5%) ou inoculantes microbianos (bactérias homofermentativas do ácido lático, 10 g/tonelada) e verificaram que a qualidade da silagem testada diferia significativamente no valor do ácido lático, que era de 1,08, 1,52, 3,09 e 3,80 para o controlo, silagem de melaço, silagem fórmica e silagem bacteriana, respetivamente. Além disso, o ácido acético foi de 1,26, 3,22, 1,70 e 0,91 para o controlo, silagem de melaço, silagem fórmica e silagem bacteriana, respetivamente. Por outro lado, não se registaram diferenças significativas entre os tratamentos nos valores de pH e na concentração de ácido butírico.

3. A Digestibilidade e o Valor Nutritivo:

3.1. Efeito da ensilagem de resíduos de mercado de vegetais e frutos na digestibilidade e no valor nutritivo:

Gabr et al. (1995) avaliaram os resíduos do mercado de frutas e legumes (FVMW) em duas formas, como feno (WH) ou como silagem. Nas primeiras cinco fases, o FCO substituiu o feno de bérberis (FB) nos resíduos de 25, 50 ou 75% da matéria seca. Para além disso, o Feno de Beringela e o Feno de Palha foram utilizados como alimentos únicos em dietas quase isonitrogénicas. Nas outras duas fases, o FVMW foi ensilado com palha de milho picada (MS) na proporção de 1:1 (silagem 1) ou 2:1 (silagem 2) FVWM: MS, W/W em base fresca em ovinos. Os principais resultados indicaram que a digestibilidade da MS e da MO foram praticamente semelhantes. No entanto, o valor nutritivo da silagem 2 foi significativamente (P<0,05) mais elevado do que o da silagem 1. **Lashein et al. (1995)** testaram dois tipos de silagem: S1) consistia em vagens de ervilha, resíduos de citrinos (2:1) e 3% de melaço, S2) vagens de ervilha, resíduos de alcachofra (2:1) e 3% de melaço e o controlo consistia em CFM e feno. Os resultados dos coeficientes de digestão mostraram que o controlo difere significativamente de S1, que difere significativamente de S2 para DM, OM, CP e CF. Os valores de TDN foram 76,12, 72,43 e 67,47% para o controlo, S1 e S2. Enquanto que o SE foi de 63,82, 54,98 e 48,91% para o controlo, S1 e S2. O DCP foi de 11,62, 8,6 e 6,27% para o controlo, S1 e S2. Todas as diferenças entre os tratamentos no TDN, SE e DCP foram significativas (p<0,05).

Khalil (2001) estudou o efeito de três tipos de silagem ((S1) resíduos do mercado de vegetais + 3% de resíduos do mercado de frutas, (S2) resíduos do mercado de vegetais + 3% de melaço e (S3) resíduos do mercado de vegetais + 3% de milho amarelo moído) sobre os coeficientes de digestão e o valor nutritivo em touros adultos. O resultado mostrou que S1 e S3 foram superiores a S2 nos coeficientes de digestão de MS, OM, CP, CF e NFE. Os valores nutritivos foram de 51,45% para TDN, 40,17% para SE e 9,58% para DCP em S1. Enquanto que em S2 foram 50,44, 42,09 e 8,4% para TDN, SE e DCP, respetivamente. Também, S3 foi 52.00, 41.82 e 6.76% para TDN, SE e DCP, respetivamente. Estes resultados não apresentam diferenças significativas, exceto no DCP para S1 e S2, que foram significativamente mais elevados (P<0,05) do que para S3.

3.2. Efeito do tratamento da silagem com bactérias do ácido lático na digestibilidade e no valor nutritivo:

Okine et al. (2005) relataram o efeito da adição de dois inoculantes de bactérias (Lactobacillus *rhamnosus* sozinho (L), *Rhizopus oryzae* (R) sozinho e uma aplicação combinada dos dois inoculantes (RL) na ensilagem sobre a digestibilidade e o valor nutritivo da silagem de polpa de batata (PP). A digestibilidade para DM, OM CP NDF e energia foi de 75,8, 76,8, 61,6, 61,7 e 72,4% para (PP). Enquanto que, foi 78.3, 79.0, 67.8, 65.1 e 74.8% para (L). Além disso, foi de 77,8, 78,7, 65,2, 65,0 e 74,7% para (R). Foi de 76,7, 77,6, 64,5, 64,5 e 73,2% para (RL). Enquanto que o efeito dos inoculantes bacterianos no TDN foi 73,6, 73,7 e 70,1% para PP, L, R e RL, respetivamente. A energia digestível (ED) foi de 13,1, 13,6, 13,6 e 13,1 Mcal/kg de MS para PP, L, R e RL, respetivamente. **Taylor et al. (2002)** investigaram o efeito do tratamento de silagem de forragem de cevada picada com *Lactobacillus buchneri* 40788 em silos de laboratório e não tratada ou tratada (4 x 10^5 cfu/g) num silo agrícola. A silagem dos silos da quinta foi fornecida a vacas em lactação. O resultado indicou que o tratamento da silagem de cevada com *Lactobacillus buchneri* aumentou a energia líquida para a lactação (NE_L) de 0,71 Mcal/kg DM para a silagem não tratada para 0,72 Mcal/kg DM para a silagem tratada.

Aksu et al. (2004) prepararam dois tipos de silagem de milho; o controlo não tinha aditivos e a outra silagem foi tratada com um inoculante bacteriano. Os resultados para as digestibilidades da MS foram 59,73 e 68,53%, a digestibilidade da MO foi 64,10 e 66,95%, a digestibilidade da PB foi 48,39 e 50,30%, a digestibilidade da FDN foi 63,35 e 66,11%, e a FDA 55,33 e 59,35% para as silagens controlo e inoculadas.

3.3. Efeito do tratamento da silagem com ácido fórmico na digestibilidade e no valor nutritivo:

Aksu et al. (2006) examinaram a adição de ácido fórmico (0,5%), melaço (5%) ou inoculante microbiano (bactérias homofermentativas do ácido lático, 10 g/tonelada) na digestibilidade dos nutrientes. Após o período de fermentação, as ovelhas foram alimentadas com as silagens. Os resultados das digestibilidades da MS foram de 66,55, 68,20, 67,33 e 69,07% para o controlo, ácido fórmico, inoculante bacteriano e melaço, respetivamente. Por outro lado, as digestibilidades da MO foram de 68,39, 69,89, 69,51 e 70,54% para o controlo, ácido fórmico, inoculante bacteriano e melaço, respetivamente. Além disso, as digestibilidades NDF foram de 60,90, 62,60, 59,90 e 60,34% para o controlo, ácido fórmico, inoculante bacteriano e melaço, respetivamente. As digestibilidades do ADF foram de 49,51, 53,89, 48,83 e 50,62% para o controlo, ácido fórmico, inoculante bacteriano e melaço, respetivamente. Por outro lado, as digestibilidades da PB foram de 65,52, 62,02, 61,76 e 69,48% para o controlo, ácido fórmico, inoculante bacteriano e melaço, respetivamente.

Kholif et al. (2007) prepararam três tipos de silagem a partir de resíduos de mercados de frutas e legumes (VFMW) para avaliar a digestibilidade dos nutrientes. Os diferentes tipos de silagem eram VFMW (S_1), VFMW + 5% de ácido fórmico (S_2) e VFMW + 5% de acetato de sódio (S_3). Os resultados indicaram que os coeficientes de digestibilidade para S2 e S3 tinham valores mais elevados de MS, OM, CP, CF, EE e NFS em comparação com a silagem de controlo em cabras. Além disso, a S2 e a S3 registaram valores mais elevados de TDN e DP do que a silagem de controlo.

4. Rendimento e composição do leite:

4.1. Efeito da ensilagem de resíduos de mercado de vegetais e frutas na produção e composição do leite:

Khalil (2001) estudou o efeito da alimentação de vacas em lactação com três tipos de silagem na produção e composição do leite. Os tratamentos foram: dieta de controlo (A), (B) resíduos de mercado de vegetais + 3% de resíduos de mercado de fruta, (C) resíduos de mercado de vegetais + 3% de melaço e (D) resíduos de mercado de vegetais + 3% de milho amarelo moído. A produção de leite foi de 14,34, 14,74, 14,72 e 14,04 kg/dia para A, B, C e D, respetivamente. Além disso, a produção de leite corrigida para 4% de gordura (FCM) foi de 12,92, 12,81, 13,42 e 12,77 kg/dia para A, B, C e D, respetivamente. Enquanto B e C aumentaram significativamente os teores de gordura, sólidos totais, sólidos sem gordura e cinzas em comparação com D e A. Mas o teor de gordura aumentou significativamente em A, depois em C e em D, depois em B. A lactose foi significativamente mais elevada em A e C, depois em B e D.

Volanis et al. (2004) estudaram o efeito da ensilagem de laranja fatiada fornecida a ovelhas em lactação sobre a produção e composição do leite. A produção diária total de leite foi 12% mais elevada para o controlo do que para a silagem de laranja (769 g versus 680 g). Mas a situação inverteu-se no último terço do período de lactação. No entanto, a produção de leite corrigida para 6% de gordura foi de 821 e 832 g para o controlo e a silagem de laranja, respetivamente. Estas diferenças não foram significativas. As ovelhas alimentadas com silagem de laranja tinham um teor de gordura no leite 16% superior ao do controlo (7,84 contra 6,57%). Além disso, o teor de lactose foi de 5,44 versus 5,83% para o controlo e a silagem de laranja. O teor de sólidos sem gordura foi de 10,8% para o controlo e de 11,1% para a silagem de laranja. O teor de proteínas foi de 4,49 e 4,37% para o controlo e a silagem de laranja. Noutro estudo, **Volanis et al. (2006)** estudaram o efeito da alimentação com uma mistura de silagem de polpa de citrinos na produção e composição do leite de ovelhas. A produção média diária de leite foi 3% mais elevada para os controlos do que para a silagem de polpa de citrinos (653 g versus 634 g), mas a situação inverteu-se (6,6% mais baixa) quando se considerou a produção de 6% de FCM (636 g versus 678 g). As ovelhas alimentadas com silagem de polpa de laranja tinham um teor de gordura 17% superior e um teor de sólidos não gordos 5,4% superior, um teor de proteínas totais 3,6% superior mas um teor de lactose 1,3% inferior ao do controlo.

Mustafa et al. (2000) determinaram o efeito da alimentação de dietas com silagem de ervilha, em relação à silagem de cevada, ou silagem de alfafa. As vacas foram alimentadas com rações formuladas para conter 50:50 (rácio forragem: concentrado) na produção de leite e na composição das vacas leiteiras. Os resultados do ensaio de lactação mostraram que a produção de leite não foi afetada pela fonte de forragem (45,2, 45,3 e 43,2 kg/dia para silagem de ervilha, silagem de alfafa e silagem de cevada, respetivamente). A composição do leite foi semelhante para as vacas alimentadas com silagem de ervilha ou de cevada; no entanto, as vacas alimentadas com silagem de ervilha produziram leite com uma percentagem de gordura mais elevada (3,65%) e uma percentagem de proteína mais baixa (3,03%) do que as alimentadas com silagem de luzerna (3,16%).

4.2. Efeito do tratamento da silagem com bactérias do ácido lático na produção e composição do leite:

Taylor et al. (2002) investigaram a silagem de forragem de cevada picada tratada com *Lactobacillus buchneri* 40788 em silos de laboratório e não tratada ou tratada (4 x 10^5 cfu/g) num silo agrícola. A silagem dos silos da exploração foi fornecida a vacas em lactação. A produção de leite (25,6 versus 25,7 kg/d para a silagem tratada), a produção de 3,5% FCM (25,3 versus 23,9 kg/d) e a composição do leite não diferiram entre vacas alimentadas com uma TMR contendo silagem não tratada ou tratada. O teor de gordura do leite foi de 3,39 e 3,31% para a silagem de controlo e tratada, respetivamente. A percentagem de proteínas do leite foi de 3,15% para o controlo e de 3,21% para a silagem tratada.

Kung et al. (2003) testaram o tratamento de silagem de alfafa com *lactobacillus buchneri* 40788 (4x105 cfu/g) e silagem de controlo na produção e composição do leite. A ingestão de matéria seca e a composição do leite não foram afectadas pelo tratamento, mas as vacas alimentadas com silagem tratada com *L. buchneri* 40788 produziram mais 0,8 kg de leite do que as vacas alimentadas com silagem não tratada (39,9 Vs 40,7 kg/dia). Mas as vacas alimentadas com silagem tratada com *L. buchneri* 40788 produziram mais leite por dia e tenderam a produzir mais FCM (40,0 kg/d Vs 38,9 kg/d) do que as vacas alimentadas com silagem não tratada. A composição do leite foi semelhante entre os tratamentos para a gordura (3,37 Vs 3,43 % para o controlo Vs silagem tratada) e proteína (3,07 Vs 3,27 % para o controlo Vs silagem tratada).

Stokes (1992) investigou o efeito do tratamento de misturas de gramíneas e leguminosas não tratadas ou após a aplicação na ensiladora de uma mistura de enzimas contendo celulase, xilanase, celobiase e glucose oxidase, um inoculante comercial ou ambos os aditivos combinados na produção e composição do leite. O tratamento enzimático aumentou a produção de leite, FCM, proteína do leite e SNF do leite. Mas o inoculante reduziu a produção de leite, a proteína do leite e o conteúdo de SNF.

Kung et al. (1993) avaliaram o efeito do uso de silagem de milho não tratada ou tratada com inoculante bacteriano, incluindo *L. plantarum*, e fornecida numa TMR para vacas em lactação. A silagem tratada com inoculante aumentou a produção de leite, a FCM, a gordura e a proteína do leite (37,5kg/d, 38,3kg/d, 3,62% e 3,07%, respetivamente), enquanto que a silagem de controlo aumentou a produção de leite, a FCM, a gordura e a proteína do leite (36,9kg/d, 36,5kg/d, 3,43% e 3,05%, respetivamente).

4.3. Efeito do tratamento da silagem com ácido fórmico na produção e composição do leite:

Kholif et al. (2007) prepararam três tipos de silagem a partir de resíduos de mercados de vegetais e frutas (VFMW) para avaliar o seu efeito na produção e composição do leite de cabras em lactação. Os diferentes tipos de silagem foram: VFMW (S1), VFMW + 5% de ácido fórmico (S2) e VFMW + 5% de acetato de sódio (S3). A produção de leite e a produção de 4% de FCM aumentaram ($P<0,01$) com a silagem tratada. A produção de leite foi maior ($P<0,05$) no grupo tratado em comparação com o controlo. No entanto, os teores de proteínas totais, gordura, lactose e sólidos não gordurosos do leite não diferiram significativamente entre os tratamentos.

Nagel e Broderick (1992) ensilaram alfafa de terceiro corte com 37% de MS, não tratada (A) ou tratada com ácido fórmico (B) ou formaldeído (C) e alimentaram vacas leiteiras em lactação. A produção de leite foi de 28,3, 28,5 e 28,5 kg/d para A, B e C, respetivamente.) O teor de gordura foi de 3,35, 3,37 e 3,28% para A, B e C, respetivamente. Além disso, o teor de proteínas foi de 2,90, 2,97 e 2,94% para A, B e C, respetivamente. O teor de lactose (5,00, 4,98 e 5,00% para A, B e C, respetivamente) e SNF foi de 8,55, 8,60 e 8,59% para A, B e C, respetivamente.

5. Parâmetros sanguíneos:

5.1. Efeito da ensilagem de resíduos de mercado de vegetais e frutas em alguns parâmetros sanguíneos:

El-Sayed (1994) referiu que a substituição de 25, 50 e 75% da mistura de concentrados (CM) na ração de controlo (50% de feno de bérberis (BH) + 50% de CM) por sementes de tâmara não teve qualquer efeito significativo na albumina, globulina, proteínas totais, ureia, colesterol, creatinina e enzimas séricas (GOT e GPT). Os resultados não asseguraram qualquer efeito prejudicial no estado fisiológico e na função dos rins e do fígado em resultado da alimentação com rações de sementes de tâmara. Os valores médios globais são: hemoglobina 13,96 gm/100ml, albumina 2,67 gm/dl, globulina 3,01 gm/dl, proteína total 6,02 gm/dl, ureia 14,31 mg/dl, creatinina 1,57 mg/100ml. GOT 27,79 UI/L e GPT 18,02 UI/L.

Kholif et al. (1996) mostraram que não havia diferenças significativas entre as cabras alimentadas com rações compostas por 40% BH + 30%CM; 100% BH; 70% BH + 30% sementes de tâmara no soro total de proteínas, albumina, globulina e GOT. As diferenças significativas entre as rações foram na ureia e glicose no soro sanguíneo.

Mohi El-Din (1998) concluiu que os níveis de alguns metabolitos plasmáticos de vacas em lactação em diferentes grupos de alimentação, utilizando silagem de beterraba sacarina (SBTS) ou silagem de bérseem (BS) ou ambas misturadas como componente da alimentação de ruminantes, não alteraram a atividade enzimática dos animais. **Khattab et al. (1999)** estudaram a alimentação de cabras com rações que continham misturas de subprodutos agro-industriais (30 e 60%) na base de MS e verificaram que as proteínas totais séricas, a albumina, a globulina, a relação A/G, a ureia, o GOT e o GPT não eram significativamente diferentes das rações de controlo que tinham 0% de misturas de subprodutos agro-industriais. Pode concluir-se que a utilização de misturas de subprodutos agro-industriais como componentes de rações para ruminantes é razoável e não se espera que altere a atividade enzimática dos ruminantes.

Bassiouni et al. (1999) referiram que os ovinos alimentados com rações que incluíam 100% ou 50% de cenoura com 50% de feno de bérberis e 100% de feno de bérberis não apresentavam diferenças significativas nos níveis séricos de GOT e GPT e nas proteínas plasmáticas, albumina, globulina e colesterol. Os resultados não asseguraram qualquer efeito prejudicial na função dos rins e do fígado.

Materiais e métodos

Este estudo foi efectuado na Estação Experimental da Faculdade de Agricultura da Universidade do Cairo e no Departamento de Ciência dos Lacticínios do Centro Nacional de Investigação. O estudo foi efectuado com o objetivo de avaliar os valores químicos e nutricionais de resíduos de mercado de frutas e legumes tratados química ou biologicamente, sob a forma de silagem.

1. Recolha de resíduos de mercados de frutas e legumes:

Os resíduos dos mercados de legumes e de fruta foram recolhidos em mercados públicos de diferentes zonas da cidade de Gizé durante o inverno. Estes resíduos foram ensilados após tratamento com (ácido fórmico, ácido propiónico, ácido acético, bactérias do ácido lático e misturas destes aditivos).

2. Produção de silagem:

Os resíduos do mercado de legumes e frutas continham uma mistura de materiais heterogéneos, por exemplo, ervilhas, batatas e laranjas. Os materiais testados misturaram-se bem e quaisquer materiais estranhos (por exemplo, papéis, plásticos, etc .) foram removidos. Os resíduos do mercado de legumes e frutas continham, em média, cerca de 80% de humidade (consistiam em aproximadamente 40% de batata, 40% de ervilha + feijão e 20% de laranja). Estes resíduos foram separados em quantidades iguais e adicionados à palha de trigo para ajustar os teores de humidade da silagem e, em seguida, cada quantidade de resíduos foi tratada com o tratamento sugerido, como se mostra na tabela (1), após o que as silagens foram colocadas em sacos de plástico e armazenadas à temperatura do laboratório durante 45 dias.

3. Estudo in vitro:

Foram produzidos onze tipos de silagem tratada para o trabalho in vitro, como mostra o quadro seguinte.

Tabela (1): Formas e tratamentos das silagens de VFMW.

No.	Form	Treatment
1.	vegetable and fruit market wastes were ensiled with 3% wheat straw	No additives. (control)
2.	vegetable and fruit market wastes were ensiled with 3% wheat straw	Formic acid (85%) at rate of 3 liter per ton of raw material. (formic)

3.	vegetable and fruit market wastes were ensiled with 3% wheat straw	Propionic acid (56% active ingredient) at rate of 0.2% of fresh weight. (Propionic)
4.	vegetable and fruit market wastes were ensiled with 3% wheat straw	Acetic acid (98%) at rate of 2.3 liter per ton fresh weight. (Acetic)
5.	vegetable and fruit market wastes were ensiled with 3% wheat straw	Lactic acid bacteria (*Lactobacillus acidophilus*) applied at $1x10^6$ cfu/g. (LAB)
6.	vegetable and fruit market wastes were ensiled with 3% wheat straw	Formic acid + Propionic acid at rate of (1:1) treated silage. (For+Pro)
7.	vegetable and fruit market wastes were ensiled with 3% wheat straw	Formic acid + Acetic acid at rate of (1:1) of treated silage. (For+Ace)
8.	vegetable and fruit market wastes were ensiled with 3% wheat straw	Lactic acid bacteria + Formic acid at rate of (1:1) of treated silage. (LAB+For)
9.	vegetable and fruit market wastes were ensiled with 3% wheat straw	Lactic acid bacteria + Propionic acid at rate of (1:1) of treated silage. (LAB+Pro)
10.	vegetable and fruit market wastes were ensiled with 3% wheat straw	Lactic acid bacteria + Acetic acid at rate of (1:1) of treated silage. (LAB+Acc)
11.	vegetable and fruit market wastes were ensiled with 3% wheat straw	Propionic acid + Acetic acid at rate of (1:1) of treated silage. (Pro+Ace)

Cada forma de silagem foi composta em sacos de plástico e armazenada à temperatura do laboratório durante 45 dias.

As silagens tratadas com (ácido fórmico, ácido propiónico, ácido acético, bactérias do ácido lático e misturas destes tratamentos) foram testadas quanto ao desaparecimento da matéria seca in vitro, utilizando a técnica de duas fases de **Tilly e Terry (1963),** modificada por **Norris (1976),** para obter o tratamento adequado que será utilizado no ensaio de alimentação. O conteúdo do rúmen foi colhido de baladi adultos alimentados com uma dieta de feno de bérseem cerca de quatro horas após a alimentação matinal e transferido diretamente para o laboratório em jarros de plástico separados, aquecidos e isentos de oxigénio. O conteúdo do rúmen foi então coado através de duas camadas de pano de queijo e o licor obtido foi utilizado para os estudos in vitro.

4. Estudo in vivo:

4.1. Digestibilidade e rasto de lactação:

4.1.1. Animais de laboratório:

Um total de 6 cabras Zaraibi em lactação (com cerca de 3 anos de idade), pesando em média 33,9 kg, foram distribuídas aleatoriamente em três grupos de dois animais cada, utilizando um desenho de quadrado latino 3x3. Os períodos experimentais foram de 12 semanas (84 dias) e consistiram em três períodos iguais (28 dias cada). A nossa experiência começou 7 dias após o parto.

4.1.2. Ração experimental:

As cabras foram alimentadas individualmente de acordo com 3 % do peso corporal. O rácio concentrado: volumoso foi de 1:1. A mistura de alimentos concentrados consistia em 45% de milho + 10% de trigo + 25% de farelo de trigo + 15% de farinha de soja + 3% de calcário + 1% de minerais + 1% de NaCl.

O primeiro grupo foi alimentado com 50% de mistura de alimentos concentrados (CFM) e 50% de Darawa (T_1). A ração do segundo grupo foi 50% CFM + 50% de resíduos de mercados de vegetais e frutas (VFMW) tratados com bactérias de ácido lático *(Lactobacillus acidophillus)* (T_2). O terceiro grupo foi alimentado com 50% de CFM + 50% de silagem de VFMW tratada com ácido fórmico (T_3).

Tabela (2): Análise química dos ingredientes dos alimentos para animais (com base na MS).

Item	DM	OM	Ash	CP	EE	CF	NFE
CFM	93.49	83.31	16.69	14.24	3.58	12.17	53.65
Darawa	23.26	94.81	5.19	4.15	3.42	25.47	61.77
Waste ingredients:	88.50	95.19	4.81	5.94	9.42	9.32	70.51
Orange wastes							
Pea vines	87.10	94.74	5.26	11.20	5.8	23.8	53.94
potato	89.10	94.56	5.44	9.25	12.20	3.82	69.29
Waste silage							
LAB	28.00	93.51	6.49	8.25	8.95	22.03	54.28
Formic	29.40	93.31	6.69	6.14	9.00	20.36	57.81
Treatment:*							
T_1	58.38	89.06	10.94	9.20	3.5	18.82	57.54
T_2	60.75	88.41	11.59	11.25	6.27	17.1	53.79
T_3	61.445	88.31	11.69	10.19	6.29	16.27	55.56

CFM: mistura de alimentos concentrados, LAB: silagem tratada com bactérias do ácido lático, Formic: silagem tratada com ácido fórmico, T_1: CFM + Darawa, T_2: CFM + silagem VFMW tratada com

LAB, T3: CFM + VFMW silagem tratada com ácido fórmico.

* calculado a partir da análise química no mesmo quadro.

4.1.3. Gestão:

Os animais foram alimentados individualmente. A mistura de alimentos concentrados foi oferecida uma vez por dia às 7h00, a silagem tratada com Darawa e VFMW foi oferecida uma vez por dia às 10h00, a ingestão de matéria seca foi medida durante os últimos 5 dias de cada período. A água estava disponível continuamente.

4.2. Determinação dos coeficientes de digestão:

Foi aplicado um método de amostragem em que a cinza insolúvel em ácido (AIA) foi utilizada como marcador interno de acordo com **Gallups et al. (1945) e Forbes et al. (1948)** para determinar a digestibilidade dos nutrientes. As amostras de fezes de cada animal foram colhidas manualmente às 11 horas da manhã, durante três dias sucessivos no final da experiência. Adicionou-se uma solução de H2SO4 a 10% e formalina às amostras representativas, que foram depois secas numa estufa a 60° C durante 48 horas. As amostras fecais secas de cada animal foram bem misturadas com pesos iguais de todas as colecções e guardadas para análise química.

O coeficiente de digestão de um determinado nutriente foi calculado de acordo com a seguinte fórmula

$$100 - \left[100\, x \frac{\%\, indicator\ in\ feed}{\%\, indicator\ in\ feces} x \frac{\%\, nutrient\ in\ feces}{\%\, nutrient\ in\ feed} \right]$$

Coeficiente de digestão =

4.3. Amostragem do licor ruminal:

No último dia de cada período experimental, foram colhidas amostras de licor ruminal de cada animal às zero, 3 e 6 horas após a alimentação com ração por sonda gástrica. As amostras foram coadas através de duas camadas de pano de queijo e foram imediatamente utilizadas para a determinação do pH ruminal por um medidor de pH digital e do azoto amoniacal no laboratório. As amostras de licor ruminal foram armazenadas em garrafas de vidro com gotas de tolueno e uma fina camada de óleo de parafina e armazenadas em congelador (-18° c) para determinação do azoto total e dos ácidos gordos totais.

4.4. Amostragem de sangue:

As amostras de sangue foram colhidas de cada animal no último dia de cada período experimental, 3 horas após a alimentação com ração, a partir da veia jugular e recolhidas diretamente em tubos de vidro contendo EDTA para servir de anticoagulante. As amostras de plasma sanguíneo foram separadas por centrifugação e mantidas congeladas para análise posterior. As amostras foram analisadas quanto a proteínas totais, ureia, GOT e GPT, albumina, glucose e colesterol.

4.5. Colheita de amostras de leite:

Os animais foram ordenhados manualmente duas vezes por dia, às 8:00 e às 16:00 horas, durante os últimos três dias de cada período experimental (28 dias). Foram colhidas amostras de leite de cada animal na ordenha da manhã e da tarde, imediatamente. A amostra de cada animal representava uma amostra mista de percentagem constante da produção da tarde e da manhã. Foram determinados os teores de gordura, proteína total, lactose, sólidos totais, sólidos sem gordura e cinzas.

5. Métodos de análise:

5.1. Análise dos alimentos para animais e das fezes:

A análise química das amostras de alimentos e fezes foi efectuada para determinar a percentagem de matéria seca (MS), proteína bruta (PB) utilizando o método macro kjeldahl, extrato etéreo (EE), fibra bruta (FC) e teor de cinzas de acordo com os métodos da **A.O.A.C (1995).** O extrato isento de azoto (NFE) foi calculado por diferença.

5.2. Análise da qualidade da silagem:

Após o período de ensilagem, foram colhidas amostras representativas de cada tratamento para determinar o pH. Homogeneizou-se 20 g de silagem e misturou-se bem com 100 ml de água destilada durante dez minutos, filtrando-se depois através de camadas de pano de queijo. O filtro foi utilizado para determinar o pH com um medidor de pH. Além disso, para determinar o azoto amoniacal (NH_3-N) de acordo com a **A.O.A.C. (1995)** e os ácidos gordos voláteis totais (AFVT) de acordo com **Warner (1964).**

5.3. Análise do licor ruminal:

5.3.1. pH:

O pH foi determinado com um medidor de pH digital Hanna.

5.3.2. Amoníaco-nitrogénio:

A concentração de amoníaco-nitrogénio no fluido ruminal foi determinada pelo método de destilação de Kjeldahl **(A.O.A.C., 1995).**

5.3.3. Azoto total:

A concentração de azoto total foi determinada pelo método semimicro Kjeldahl modificado **(A.O.A.C., 1995).**

5.3.4. Ácidos gordos voláteis totais:

Os ácidos gordos voláteis totais do rúmen foram determinados por destilação a vapor, tal como descrito por **Warner (1964).**

5.4. Análise do plasma sanguíneo:

5.4.1. Proteína total:

A proteína total do plasma foi medida colorimetricamente pela reação de biureto, utilizando kits de laboratório Stanbio, de acordo com **Weichelbaum (1946).**

5.4.2. Albumina:

A albumina no plasma sanguíneo foi determinada por um método colorimétrico baseado no princípio descrito por **Doumas et al. 1971**, utilizando kits de laboratório Stanbio.

5.4.3. Globulina plasmática calculada:

Subtraindo o valor da albumina ao valor correspondente da proteína total para cada amostra, obtém-se o valor da globulina.

5.4.4. Rácio albumina (A): globulina (G) calculado:

O rácio A: G foi calculado dividindo o valor da albumina de cada amostra pelo valor correspondente da globulina.

5.4.5. Transaminases plasmáticas:

A transaminase glutâmico-oxaloacética (TGO) e a transaminase glutâmico-pirúvica (TGP) plasmáticas foram determinadas colorimetricamente utilizando kits comerciais adquiridos à Quimicia Clinica Aplicada S. A. de acordo com o método de **Reitman e Frankel (1957).**

5.4.6. Ureia plasmática:

A ureia plasmática foi determinada colorimetricamente utilizando kits comerciais adquiridos a Stanbio laboratory kits, de acordo com **Henry et al. 1974.**

5.4.7. Glicose plasmática:

A glucose plasmática foi determinada colorimetricamente de acordo com **Siest et al. (1981),** utilizando kits de laboratório Stanbio.

5.4.8. Colesterol plasmático:

O colesterol plasmático foi determinado colorimetricamente utilizando kits comerciais adquiridos a Stanbio laboratory kits, de acordo com **Flegg 1973.**

5.5. Análise do leite:

5.5.1. Sólidos totais:

O teor de sólidos totais foi determinado de acordo com o **método do Manual de Laboratório (1949).**

5.5.2. Gordura:

A percentagem de gordura foi determinada pelo método Gerber para o leite **(British Standard Institution, 1951).**

5.5.3. Produção de leite com correção de gordura (FCM):

O leite com teor de gordura corrigido (4% de gordura) foi calculado utilizando a seguinte equação de acordo com **Gaines, (1928).**

FCM = 0,4 M + 15 F.

Onde: M= produção de leite.

F= rendimento em gordura.

5.5.4. Sólidos e não gordura:

O teor de sólidos sem gordura foi calculado pela diferença entre o teor de sólidos totais e o teor de gordura.

5.5.5. Lactose:

A lactose foi determinada colorimetricamente de acordo com **Barnett e Abd El-Tawab (1957).**

5.5.6. Proteína total:

O azoto total foi determinado pelo método de destilação semi-micro Kjeldahl **(Ling, 1963).**

6. Análise estatística:

Os dados obtidos neste estudo foram analisados estatisticamente pelo **SPSS (2002)** de acordo com os procedimentos delineados por **Snedecor e Cochran (1982).** Estes procedimentos foram:

1- Delineamento em quadrado latino para a digestibilidade dos nutrientes, rendimento e composição do leite e parâmetros sanguíneos usando o procedimento do modelo linear geral: $Y_{ijk} = \mu + R_I + C_j + T_k + e_{ijk}$.

Em que Y_{ijkl} é o parâmetro em análise da cabra ijkl, μ é a média global, R_i é o efeito devido ao período de lactação no parâmetro em análise, Cj é o efeito devido aos animais no parâmetro em análise, Tk é o efeito devido ao tratamento no parâmetro em análise, e_{ijk} é o erro experimental para ijk na observação,

2- Medidas repetidas para o parâmetro líquido ruminal:

$Y_{ijk} = \mu + R_i + Tj + (RT)_{ij} + Bk + (TB)_{jk} + (RB)_{ik} + E_{ijk}$.

Em que, R_I: período, T_j: tratamento, $(RT)_{ij}$: interação, B_{kt}: tempo de amostragem, $(TB)_{jk}$: interação, $(RB)_{ik}$: interação e E_{ijk}: erro experimental.

Utilizou-se a diferença mínima significativa (LSD) quando o efeito dos tratamentos foi significativo **(Steel e Torrie, 1980)** para o estudo in vivo (produção de leite, composição do leite, parâmetros ruminais e parâmetros sanguíneos). Os testes de intervalo múltiplo de Duncan foram utilizados para testar a significância entre as médias **(Duncan, 1955)** para o estudo in vitro.

Resultados e discussão

O presente estudo foi efectuado com o objetivo de determinar o efeito de tratamentos químicos e biológicos na composição química e no valor nutritivo da silagem de resíduos de mercados de frutas e legumes. O tratamento biológico foi efectuado através da utilização de bactérias do ácido lático (BAL) e o tratamento químico foi efectuado através do tratamento da silagem com ácido fórmico. Os tratamentos escolhidos foram efectuados em cabras em lactação para estudar os seus efeitos no desempenho das cabras.

1.Qualidade da silagem e avaliação In-Vitro:

Os resultados da qualidade da silagem (Tabela 3) mostraram que os valores de MS, pH, PC, Amónia-N (NH_3-N) e ácidos gordos voláteis totais (AGVT) não foram significativos (P>0,05) entre os tratamentos. A MS (%) foi superior a 30% na (silagem de controlo) e inferior a 28% na (silagem LAB). O valor mais baixo de pH foi observado em (Formic) e (LAB+Pro) e o valor mais alto foi observado em (For+Pro). Os dados mostraram uma diminuição dos valores de AGTL com as silagens tratadas em comparação com o controlo. O efeito da adição de ácido fórmico neste estudo foi aplicado a uma taxa adequada, sendo capaz de promover uma fermentação de ácido lático em condições em que, de outra forma, teria ocorrido uma fermentação clostridial **(Wilson e Wilkins, 1973).** Resultados semelhantes foram obtidos por **Moloney e O'Kiely (1994) e Kholif et al. (2007)**, que concluíram que o tratamento da silagem de FMLV com ácido fórmico melhorava a qualidade da silagem. Além disso, o principal efeito benéfico dos inoculantes bacterianos na fermentação foi uma redução da proteólise **(Adesogan e Salawu, 2004).**

Os resultados relativos ao desaparecimento de matéria seca in vitro (IVDMD) dos diferentes tratamentos são apresentados no quadro (3). O IVDMD foi de 46,5, 54,0, 49,86, 46,4, 55,0, 46, 48,4, 56,6, 47, 43,8 e 48,45% para o controlo, Fórmico, Propiónico, Acético, LAB, Fórmico + Propiónico, Fórmico + Acético, LAB + Fórmico, LAB + Propiónico, LAB + Acético e Acético + Propiónico, respetivamente. Estes valores foram significativamente diferentes (P<0,05). Os valores mais elevados foram registados para (LAB+For), (LAB) e (Fórmico), seguidos de (Propiónico), (Ace+Pro) e (For+Ace) e depois (LAB+Pro), (Controlo), (Acético), (For+Pro) e (LAB+Ace).

Tabela (3): Efeito dos tratamentos na qualidade da silagem e no desaparecimento da matéria seca in vitro

Treatments	DM (%)	pH	CP (%)	NH_3-N (%)	TVFA's (%)	IVDMD (%)
Control	30.0	4.0	7.9	0.094	4.99	46.50^{bc}
Formic	29.4	3.8	8.3	0.098	3.63	54.0^{a}
Propionic	29.3	4.0	8.5	0.085	4.70	49.86^{b}
Acetic	29.2	4.1	8.5	0.094	4.73	46.4^{bc}
Lactic Acid Bacteria (LAB)	28.0	4.0	8.3	0.085	4.82	55.0^{a}
For + Pro	29.1	4.8	8.8	0.094	4.51	46.0^{bc}
For + Ace	31.9	4.2	8.6	0.094	3.76	48.4^{b}
LAB + For	28.7	3.9	8.7	0.075	3.85	56.6^{a}
LAB + Pro	29.0	3.8	7.9	0.085	4.32	47.0^{b}
LAB + Ace	29.2	3.9	8.3	0.094	3.66	43.8^{c}
Ace + Pro	29.6	4.0	8.4	0.066	4.11	48.45^{b}
± SE	0.14	0.067	0.062	0.0093	0.022	0.136

a, b, c As médias com diferentes sobrescritos são significativas ($P<0,05$).

2. Estudo in vivo:

2.1. Efeito dos tratamentos nos coeficientes de digestão aparente dos nutrientes de cabras em lactação:

A tabela (4) e a figura (1) mostram os valores médios da ingestão de MS, digestibilidades dos nutrientes e valores nutritivos das cabras em lactação alimentadas com a dieta de controlo (T1), com a MSFV tratada com LAB (T2) e com a MSFV tratada com ácido fórmico (T3). O consumo de MS da T2 foi ligeiramente superior ao da T3 e T1, sendo de 1186, 1084 e 1083 g/h/d, respetivamente.

Tabela (4): Consumo médio diário de matéria seca, coeficientes de digestão dos nutrientes e valores nutritivos dos caprinos alimentados com rações experimentais

Item	T_1	T_2	T_3	± SE
Live body weight (kg)	33.8	33.9	33.8	0.92
Dry matter intake (g/h/d):				
Total	1083	1186	1084	5.15
From CFM	542	595	544	3.31
From silage	541	591	540	2.53
Nutrient digestibilities (%):				
DM	66.25^b	69.77^a	68.30^a	4.60
OM	62.00^b	69.9^a	67.39^a	3.83
CP	60.03^b	64.10^a	62.77^a	4.63
CF	52.27^b	58.04^a	56.75^a	4.23
EE	66.09^b	69.90^a	69.20^a	3.77
NFE	70.26	72.13	72.56	3.80
Nutritive value:				
TDN (%)	60.99^b	65.79^a	65.74^a	2.75
DP (%)	5.52^b	7.21^a	6.34^{ab}	0.84
DE (MCal/kg)	2.69	2.90	2.89	0.11
ME (MCal/kg)	2.26	2.47	2.46	0.11
NE_L (MCal/kg)	1.49	1.61	1.60	0.066

DE= 0,04409 * TDN, ME= 1,01 * DE - 0,45, NE_L= (0,0245 * TDN - 0,12) (Garrett 1980; Moe e Tyrrell, 1972)

a, b, c As médias com diferentes sobrescritos são significativas (P<0,05).

T1: CFM + Darawa, T2: CFM + silagem de VFMW tratada com LAB, T3: CFM + silagem de VFMW tratada com ácido fórmico.

A ligeira melhoria no DMI em T2 pode ser devida à palatabilidade **(Volanis et al., 2006)** da silagem de LAB.

Kung et al. (2003) trataram a silagem de luzerna com *Lactobacillus buchneri* e verificaram que a DMI aumentou ligeiramente com a silagem tratada em relação ao controlo. No entanto, **Kholif et al. (2007)** referiram que a DMI tinha aumentado significativamente para as cabras alimentadas com silagem de VFMW tratada com ácido fórmico e acetato de sódio em comparação com a silagem de controlo.

Os resultados na tabela (4) mostraram um aumento significativo (P<0,05) nos coeficientes de digestão de MS, MO, PC, CF e EE de T2 e T3 em comparação com T1. Estes aumentos da digestibilidade podem ser devidos aos aumentos dos teores de MS, PC e EE e à diminuição do teor de CF das silagens tratadas, como se pode ver na tabela (2), o que melhorou a utilização pelos animais da silagem tratada em comparação com o controlo. O aumento da digestibilidade dos CF pode dever-se ao efeito da fermentação da silagem **(Woolford 1984)** nas silagens tratadas com LAB e ácido fórmico. Foi registado um aumento notável nas digestibilidades da MO e do PC (P<0,05) para T2 e T3 em comparação com T1. Os tratamentos de T2 e T3 melhoraram significativamente (P<0,05) os seus valores nutritivos em comparação com T1, sendo 60,99, 65,79 e 65,74 % para TDN e 5,52, 7,21 e 6,34% para DP no controlo, T1 e T2, respetivamente. Os valores de NEL foram 1,49, 1,61 e 1,60 Mcal/kg para T1, T2 e T3, respetivamente. Estas diferenças foram significativas (P<0,05) para TDN e DP em T2 e T3 em comparação com T1. Estes resultados estão de acordo com **Khalil (2001), Kholif et al. (2007) e Okine et al. (2005).** Estes relataram um aumento dos valores nutritivos das silagens de VFMW tratadas com ácido fórmico ou LAB em comparação com o controlo.

De um modo geral, a alimentação dos animais experimentais com silagens de VFMW levou a um aumento das digestibilidades dos nutrientes e dos valores nutritivos das rações, o que pode ajudar a melhorar o desempenho produtivo destes animais.

1.1. Efeito dos tratamentos em alguns parâmetros ruminais:

1.1.1. pH ruminal:

Os efeitos da alimentação com silagens tratadas com VFMW no pH ruminal das cabras esperadas são apresentados no quadro (5) e na figura (2).

Tabela (5): Efeito dos tratamentos no pH ruminal.

Tratamento	Tempo de amostragem			Média global ± SE	
	Zero	3 hrs	6 hrs		
T_1	6.80	5.77	6.27	**6.28**	0.15
T_2	6.75	5.82	6.43	**6.33**	0.12
T_3	6.72	5.78	6.45	**6.32**	0.13
Overall Mean ± SE	**6.76^{a}** 0.14	**5.79^{c}** 0.13	**6.38^{b}** 0.14		

a, b, c As médias com diferentes sobrescritos apresentam diferenças significativas (P<0,05).

T1: CFM + Darawa, T2: CFM + silagem de VFMW tratada com LAB, T3: CFM + silagem de VFMW tratada com ácido fórmico.

Os valores médios de pH foram 6,8, 6,75 e 6,72 no tempo zero para T1, T2 e T3, respetivamente. Os valores de pH diminuíram gradualmente para atingir valores mínimos às 3 horas, sendo 5,77, 5,82 e 5,78 para os grupos esperados ordenadamente. Em seguida, aumentou às 6 horas para atingir 6,27, 6,43 e 6,45 na mesma ordem respetiva. Estes resultados indicaram que o tempo de amostragem teve um efeito significativo (P < 0,05) nos valores do pH ruminal.

Houve diferenças insignificantes (P > 0,05) entre a média geral do pH ruminal nos diferentes tratamentos, sendo 6,28, 6,33 e 6,32 para T1, T2 e T3, respetivamente. Todos os valores de pH foram superiores a 6,0, o que indica uma melhor digestão de materiais celulolíticos **(Mertens, 1978).** Estes resultados estão de acordo com **Kholif et al. (2007), que verificaram** que não existiam diferenças significativas entre o VFMW tratado com ácido fórmico ou acetato de sódio e o controlo nos valores de pH do rúmen.

2.2.2. Ácidos gordos voláteis totais no rúmen:

Os valores médios dos ácidos gordos voláteis totais do rúmen (AGVT) nos diferentes tratamentos experimentais, nas diferentes épocas de amostragem das cabras em lactação, são apresentados na tabela (6) e na figura (3). Os valores médios dos ácidos gordos voláteis totais foram de 4,94, 5,80 e 5,78 meq/dl no tempo zero para T1, T2 e T3, respetivamente. Os AGVT atingiram os seus valores máximos às 3 horas após a alimentação, sendo 7,32, 6,01 e 7,61 meq/dl para T1, T2 e T3, respetivamente. As diferenças entre os tempos de amostragem foram significativas ($P<0,05$).

A média global de ácidos gordos voláteis totais para T1 foi ligeiramente superior à de T2 e T3 (6,17 meq/dl para T1, seguido de T2 5,89 meq/dl e depois T3 6,47 meq/dl).

Em geral, os dados obtidos indicaram que a concentração de AFT estava negativamente associada ao valor do pH, o que era esperado.

Table (6): Effect of treatments on Rumen TVFA's (meq/dl):

Treatment	Sampling Time: Zero	3 hrs	6 hrs	Overall Mean	± SE
T_1	4.94	7.32	6.26	**6.17**	0.45
T_2	5.80	6.01	5.87	**5.89**	0.43
T_3	5.78	7.61	6.02	**6.47**	0.64
Overall Mean	**5.51^{b}**	**6.98^{a}**	**6.05^{a}**		
± SE	0.57	0.53	0.40		

a,b, c As médias com diferentes sobrescritos apresentam diferenças significativas ($P<0,05$).

T1: CFM + Darawa, T2: CFM + silagem VFMW tratada com LAB, T3: CFM + silagem de VFMW tratada com ácido fórmico.

Achados semelhantes foram registados por **Giacomini et al. (1985); Burrin e Britton (1986); Taie (1993) e Baraghit et al. (1995).** Indicaram que o progresso do aumento da concentração ruminal de ácidos gordos voláteis foi acompanhado por uma redução do pH ruminal. A energia da produção microbiana ruminal está relacionada com os materiais fermentáveis degradados em AGV pelos microrganismos ruminais durante a digestão **(Hume et al., 1970; Walker e Nader, 1970; Mathison e Milligan, 1971).**

2.2.3. Concentração de azoto amoniacal ruminal (NH_3-N):

Os valores médios de amoníaco-nitrogénio ruminal (mg/dl) nos diferentes tratamentos experimentais através dos diferentes tempos de amostragem das cabras em lactação são apresentados na tabela (7) e na figura (4). As médias da concentração de NH_3-N no tempo zero foram de 20,35, 18,08 e 21,00 mg/dl para T1, T2 e T3, respetivamente, enquanto que a concentração de NH_3-N foi de 30,46, 25,37 e 26,70 mg/dl para T1, T2 e T3, respetivamente, às 3 horas após a alimentação. As médias gerais da concentração de NH_3-N aumentaram significativamente (P<0,05) em T1 em comparação com T3 e T2, sendo 24,60, 21,04 e 22,92 mg/dl para T1, T2 e T3, respetivamente.

O ligeiro aumento de NH_3-N no rúmen do grupo de controlo pode sugerir uma maior solubilidade e absorção de azoto no rúmen dos grupos tratados com silagem.

2.2.4. Concentração de azoto total no rúmen:

Os valores médios do azoto total ruminal (TN) (mg/dl) nos diferentes tratamentos experimentais através das diferentes épocas de amostragem das cabras em lactação são apresentados na tabela (8) e na figura (5). O valor médio global mais elevado de azoto total no rúmen foi registado em T3, seguido de T2. Enquanto que os valores mais baixos de TN ruminal foram registados em T1. Os valores do TN ruminal aumentaram gradualmente com o tempo após a alimentação em todos os tratamentos. A média geral de TN ruminal para T2 (94,95 mg/dl) foi ligeiramente inferior a T3 (95,43 mg/dl) e T1 (93,86 mg/dl). Estas diferenças não foram significativas (P>0,05).

Tabela (7): Efeito dos tratamentos na concentração de Azoto Amoniacal Ruminal (mg/dl):

Treatment	Sampling Time			Overall	±
	Zero	3 hrs	6 hrs	Mean	SE
T_1	20.35	30.46	22.98	**24.60^a**	1.51
T_2	18.08	25.37	19.67	**21.04^b**	1.30
T_3	21.00	26.70	21.06	**22.92^b**	1.30
Overall Mean	**19.81^b**	**27.51^a**	**21.24^b**		
± SE	1.49	1.28	1.38		

a,b, c As médias com diferentes sobrescritos apresentam diferenças significativas (P<0,05).

T1: CFM + Darawa, T2: CFM + silagem VFMW tratada com LAB, T3: CFM + silagem VFMW tratada com ácido fórmico.

Tabela (8): Efeito dos tratamentos no azoto total do rúmen (mg/dl):

Treatment	Sampling Time			Overall	± SE
	Zero	3 hrs	6 hrs	Mean	
T_1	80.86	99.92	100.82	**93.86**	11.93
T_2	90.46	102.61	91.78	**94.95**	12.09
T_3	85.60	100.74	99.96	**95.43**	10.28
Overall Mean	**85.64**	**101.09**	**97.52**		
± SE	10.0	6.57	4.07		

a,b, c As médias com diferentes sobrescritos apresentam diferenças significativas (P<0,05).

T_1: CFM + Darawa, T_2: CFM + silagem de VFMW tratada com LAB, T_3: CFM + silagem de VFMW tratada com ácido fórmico.

2.3. Efeito dos tratamentos na produção de leite:

O efeito da alimentação de cabras em lactação com silagem de resíduos vegetais e de fruta tratados com LAB (T_2) ou ácido fórmico (T_3) em comparação com T_1 na produção de leite (g/h/d) durante os três períodos de lactação é mostrado na tabela (9) e na figura (6). Os valores indicam claramente que a produção diária de leite, para T_1, T_2 e T3 foi de: 1153.5, 913.3 e 1354.5 g/h/d, respetivamente no primeiro período e diminuiu gradualmente para T_1 e T3 mas aumentou para T_2 até atingir no terceiro período 781.8, 987.5 e 1269.4 g/h/d, respetivamente. As médias gerais da produção de leite foram de 1140,4, 1094,8 e 1012,9 (g/h/d) para os períodos I, II e III da lactação, respetivamente. Não houve diferenças significativas (P>0,05) entre os tratamentos nas médias gerais de produção de leite. A média geral da produção de leite de T_2 e T3 foi 5,00% e 0,45% maior em comparação com T_1. Os valores respectivos da produção de leite foram 1064,8, 1113,7 e 1069,6 g/h/d para T_1, T_2 e T_3, respetivamente. A melhoria da produção de leite em T_2 e T_3 pode ser devida a uma maior DMI e maiores digestibilidades de DM, OM, CP, CF e NFE. **(Harrison *et al.*, 1988, Walli, 1994, Sharma *et al.*, 1998 e Sullivan e Martin, 1999).** Além disso, estes resultados podem dever-se à inclusão nos grupos tratados (T_2 e T_3) de subprodutos de citrinos que contêm paredes celulares facilmente digeríveis **(Madrid et al., 1997).** A este respeito, a presença de subprodutos de citrinos pode melhorar a utilização das fracções fibrosas da dieta, possivelmente devido aos seus efeitos positivos na microflora ruminal **(Flackowsky et al., 1993** e **Ben-Ghedalia et al. 1989).**

A melhoria da produção de leite em animais alimentados com silagens tratadas de FMLV em comparação com o controlo não atingiu a significância devido ao erro padrão relativamente elevado associado a esta variável **(Volanis et al., 2006).**

Tabela (9): Efeito dos tratamentos na produção de leite (g/h/d).

treatments / periods	T_1	T_2	T_3	Overall mean	± SE
I	1153.5	913.3	1354.5	**1140.4**	100.14
II	1259.1	1158.5	866.9	**1094.8**	97.24
III	781.8	1269.4	987.5	**1012.9**	70.44
Overall Mean	**1064.8**	**1113.7**	**1069.6**		
± SE	101.61	73.27	96.01		

T_1: CFM + Darawa, T_2: CFM + silagem VFMW tratada com LAB, T_3: CFM + silagem de VFMW tratada com ácido fórmico.

2.4. Efeito dos tratamentos na produção de leite corrigida para a gordura (FCM):

O efeito da alimentação com silagens VFMW tratadas com LAB ou ácido fórmico na produção de leite corrigido para a gordura (FCM) para cabras em lactação é mostrado na tabela (10) e na figura (7). Os resultados da produção de leite corrigido para a gordura mostraram uma superioridade do T1 e do T2 em relação ao controlo na produção de leite corrigido para a gordura das cabras Zaraibi em lactação. No primeiro período de lactação, o T3 registou uma maior produção de MCA do que o T1 e o T2. No segundo período, T1 registou um valor mais elevado de produção de farinha de carne e ossos do que T2 e T3. No terceiro período de lactação, a situação alterou-se: o T2 registou o valor mais elevado de produção de MCA, seguido do T3 e depois do T1.

Os valores médios gerais mostraram que o T2 aumentou a produção de FCM em 8,5%, e o T3 aumentou a FCM em 7,1%, respetivamente, em comparação com o T1. Os valores da produção de FCM foram 915,9, 993,4 e 980,6 g/h/d/ para T1, T2 e T3, respetivamente. Mas todas essas diferenças não foram significativas (P>0,05). No que respeita às médias da produção de MCA nos diferentes períodos de lactação, os resultados apresentados na tabela (10) indicam que a produção de MCA diminui gradualmente com o decorrer do período de lactação. O primeiro período registou o valor mais elevado de produção de MCA, com 1002,7 g/h/d, e depois diminuiu gradualmente até atingir 958,3 e 929,0 g/h/d nos períodos II e III da lactação, respetivamente. Estes resultados estão de acordo com os de **Kholif et al. (2007)**, que registaram que a silagem de FMLV tratada com ácido fórmico aumentou a produção de FCA em 14,88% em relação ao controlo. **Khalil (2001)** registou a produção diária de leite (FCM) ao longo do período experimental (93 dias) de vacas em lactação em diferentes grupos de alimentação. Estes resultados revelaram que a substituição do feno de trevo, da palha de arroz e de parte da mistura de concentrados na ração de controlo por diferentes silagens de VFMW melhorou ligeiramente a FCM em 2,8, 2,6 e 3,8% do que o controlo. Além disso, **Volanis et al. (2006)** mostraram que a alimentação de ovelhas em lactação com silagem de polpa de citrinos aumentou a CAF em 6,6% em relação à dieta de controlo. No entanto, **Kung et al. (2003)** referiram que a produção de MCA de vacas em lactação alimentadas com silagem de luzerna tratada com *Lactobacillus buchneri* aumentou ligeiramente para 40,0 kg/h/d, enquanto a do controlo foi de 38,9 kg/h/d.

Tabela (10): Efeito dos tratamentos na produção de leite com correção de gordura (g/h/d).

treatment / period	T_1	T_2	T_3	**Overall Mean**	**± SE**
I	911.3	762.6	1334.2	**1002.7**	144.7
II	1183.6	967.3	723.9	**958.3**	131.5
III	652.8	1250.4	883.8	**929.0**	118.2
Overall mean	**915.9**	**993.4**	**980.6**		
± SE	129.2	100.4	158.8		

T_1: CFM + Darawa, T_2: CFM + silagem de VFMW tratada com LAB, T_3: CFM + silagem VFMW tratada com ácido fórmico.

2.5. Efeito dos tratamentos na composição do leite:

2.5.1. Sólidos totais do leite:

O quadro (11) e a figura (8) mostram os resultados da alimentação com silagem de farelo de soja tratada com BAL ou ácido fórmico sobre o teor de sólidos totais do leite de cabra durante o período experimental (12 semanas de lactação). As médias gerais da percentagem de sólidos totais revelaram um ligeiro aumento das silagens tratadas com VFMW em comparação com o controlo.

Estes dados mostram que a percentagem máxima de sólidos totais foi atingida com o tratamento T3 seguido do T2 e depois do T1, sendo 12,56, 12,27 e 12,10%, respetivamente.

Os valores do rendimento calculado de sólidos totais (tabela, 12) (figura, 9) indicaram que T2 e T3 foram insignificantemente superiores a T1, sendo 120,31, 130,06 e 131,69 g/h/d, respetivamente.

Os presentes resultados estão de acordo com as conclusões de **Kholif et al. (2007)**, que registaram um ligeiro aumento da percentagem de sólidos totais do leite e da produção de sólidos totais do leite com silagem de VFMW tratada com ácido fórmico ou acetato de sódio. **El-Sayed (2002) e Abo El-Nor e Kholif (2005)** obtiveram resultados semelhantes com cabras alimentadas com rações suplementadas com acetato de sódio. Estes resultados revelam a mesma tendência da qualidade da silagem, dos valores de digestibilidade dos nutrientes e dos parâmetros ruminais, o que leva a uma maior utilização dos nutrientes e a que os nutrientes mais digeríveis cheguem à glândula mamária para a síntese dos constituintes do leite.

2.5.2. Gordura láctea:

O efeito da silagem de FMLV tratada com LAB ou ácido fórmico na percentagem de gordura do leite e na produção das cabras em lactação que receberam os diferentes tratamentos experimentais é apresentado nos Quadros (13 e 14) e nas Figuras (10 e 11).

Os dados da Tabela (13) indicam que as médias gerais da percentagem de gordura foram ligeiramente superiores (P>0,05) em 5,54 e 8,79%, respetivamente, para T2 e T3 em comparação com T1. Os valores de percentagem de gordura foram 3,07, 3,24 e 3,34% para T1, T2 e T3, respetivamente.

Tabela (11): Efeito dos tratamentos nos sólidos totais do leite (%).

treatments / period	Control	T1	T2	Overall Mean	± SE
I	11.33	12.60	13.73	**12.55**	0.30
II	12.82	11.69	11.68	**12.06**	0.28
III	12.15	12.52	12.28	**12.32**	0.29
Overall Mean	**12.10**	**12.27**	**12.56**		
± SE	0.29	0.28	0.30		

T1: CFM + Darawa, T2: CFM + silagem de VFMW tratada com LAB, T3: CFM + silagem de VFMW tratada com ácido fórmico.

Tabela (12): Efeito dos tratamentos no rendimento médio diário de sólidos totais do leite (g/h/d).

treatment / period	T1	T2	T3	Overall mean	± SE
I	122.62	116.55	172.38	**137.18**	12.84
II	143.20	127.35	101.20	**123.91**	9.58
III	95.12	146.30	121.50	**120.97**	6.52
Overall mean	**120.31**	**130.06**	**131.69**		
± SE	9.97	6.23	13.09		

T1: CFM + Darawa, T2: CFM + silagem de VFMW tratada com LAB, T3: CFM + silagem de VFMW tratada com ácido fórmico.

Relativamente aos valores da percentagem de gordura ao longo dos diferentes períodos de lactação, verificou-se um ligeiro aumento da percentagem de gordura com o avanço do período de lactação, atingindo os valores mais elevados no período 3rd (3,38 %). Os valores respectivos de percentagem de gordura foram 3,14, 3,13 e 3,38 % para os períodos I, II e III da lactação.

Tradicionalmente, a percentagem de gordura do leite diminui com o aumento da produção de leite, enquanto que, neste estudo, a percentagem de gordura do leite registou um ligeiro aumento associado ao aumento da produção de leite. Estes resultados podem ser devidos à manipulação ocorrida na fermentação ruminal pelos tratamentos, especialmente com o tratamento T3, em resultado de um possível aumento do acetato ruminal e do rácio acetato: propionato devido à alimentação com rações VFMW. **(Spring e Wenk, 1993, *et al.*, 1994, Kumar *et al.*, 1997 e Sullivan e**

Martin, 1999). O acetato ruminal é a principal fonte para a síntese de ácidos gordos de cadeia curta no leite, o que leva a um aumento da produção de gordura no leite. Os resultados do presente estudo estão de acordo com **Belibasakis e Tsirgoyianni (1996),** que relataram um aumento de 4% na gordura do leite de vacas leiteiras alimentadas com 20% de polpa cítrica seca. O presente trabalho indica que a fibra facilmente digerível da silagem de FMLV criou condições favoráveis no rúmen das cabras para o aumento da atividade microbiana, que provoca a degradação da fibra, com a subsequente produção de ácido acético que, por sua vez, promove a síntese da gordura do leite

Os dados da Tabela (14) mostraram que T2 e T3 aumentaram ligeiramente (P>0,05) a produção de gordura do leite em 18,80 e 22,07 % em comparação com T1. Os valores respectivos da produção de gordura do leite foram 27,87, 33,11 e 34,02 g/h/d para T1, T2 e T3, respetivamente. Além disso, o valor mais alto da média geral da produção de gordura do leite foi observado no primeiro período de lactação, com 32,00 g/h/d, que diminuiu gradualmente com o avanço da lactação, com 30,24 e 32,76 g/h/d para os períodos II e III de lactação, respetivamente. Os presentes resultados estão de acordo com as conclusões de **Kholif et al. (2007)**, que registaram um aumento significativo da produção de gordura do leite com silagem de VFMW tratada com ácido fórmico ou acetato de sódio.

Table (13): Effect of treatments on milk fat (%).

treatment / period	T_1	T_2	T_3	Overall Mean	± SE
I	2.62	2.94	3.87	**3.14**	0.19
II	3.62	2.90	2.87	**3.13**	0.23
III	2.98	3.87	3.28	**3.38**	0.21
Mean	**3.07**	**3.24**	**3.34**		
± SE	0.25	0.19	0.19		

T1: CFM + Darawa, T2: CFM + silagem de VFMW tratada com LAB, T3: CFM + silagem de VFMW tratada com ácido fórmico.

Tabela (14): Efeito dos tratamentos na produção de gordura do leite (g/h/d).

treatment / period	T_1	T_2	T_3	Overall Mean	± SE
I	26.26	27.02	42.72	**32.00**	2.14
II	35.62	28.37	26.73	**30.24**	2.00
III	21.74	43.94	32.60	**32.76**	2.18
Overall Mean	**27.87**	**33.11**	**34.02**		
± SE	1.75	1.80	2.57		

T_1: CFM + Darawa, T_2: CFM + silagem VFMW tratada com LAB, T_3: CFM + silagem de VFMW tratada com ácido fórmico.

2.5.3. Sólidos não gordos (SNF):

O efeito das silagens tratadas com VFMW na percentagem de sólidos sem gordura (SNF) do leite e na produção das cabras em lactação é mostrado nos Quadros (15 e 16) e nas Figuras (12 e 13). É de notar que as médias gerais de SNF % não foram significativamente afectadas (P>0,05) pelos tratamentos. o T_2 aumentou ligeiramente o teor de SNF em 2,2% em comparação com o controlo. Os valores respectivos de SNF (%) foram 9,03, 9,03 e 9,22 % para o controlo, T_1 e T_2, respetivamente.

A tabela (15) e a figura (12) mostram as médias da FDN do leite (%) nos diferentes períodos de lactação. Verificou-se que a média de FDN do leite (%) diminuiu ligeiramente (P>0,05) com o avanço do período de lactação, onde o valor mais elevado de FDN (%) foi registado no período 1st (9,41%), seguido do período 2nd (8,94%) e do período 3rd (8,94%). As diferenças entre os diferentes períodos de lactação na FDN (%) não foram significativas (P>0,05).

No que diz respeito aos rendimentos médios diários de sólidos não gordos (g/h/d), é óbvio, a partir da tabela (16) e da figura (13), que o valor mais elevado foi registado no T_2 (96,96 g/h/d), seguido do T_1 (97,64 g/h/d) e depois do controlo (92,48 g/h/d). As diferenças entre os tratamentos não foram significativas ao nível de 5%. **Volanis et al. (2004)** relataram resultados semelhantes para a produção de sólidos e não de gordura no leite, que foi 2,3% mais elevada para as ovelhas alimentadas com silagem de citrinos do que para o controlo.

2.5.4. Leite Proteína total:

O efeito da alimentação de cabras em lactação com silagens tratadas com VFMW na proteína total do leite é apresentado na tabela (17 e 18) e nas figuras (14 e 15). Os dados da tabela (17) indicam claramente que o tratamento T_1 aumentou ligeiramente o teor de proteínas do leite em 3,98% em comparação com o controlo. Os valores respectivos da proteína do leite foram 3,52, 3,66 e 3,21 % para o controlo, T_1 e T_2, respetivamente. As diferenças entre os tratamentos experimentais não foram significativas (P>0,05). No que respeita aos períodos de lactação, a percentagem de proteína do leite apresentou uma ligeira diferença com o avançar dos períodos de lactação. Os valores de proteína do leite (%) foram de 3,57, 3,36 e 3,46 % para os períodos I, II e III, respetivamente.

Tabela (15): Efeito dos tratamentos nos sólidos do leite sem gordura (%).

treatment / period	T_1	T_2	T_3	**Overall Mean**	**± SE**
I	8.71	9.66	9.86	**9.41**	0.24
II	9.21	8.79	8.81	**8.94**	0.27
III	9.17	8.65	9.00	**8.94**	0.18
Overall mean	**9.03**	**9.03**	**9.22**		
± SE	0.09	0.19	0.35		

T_1: CFM + Darawa, T_2: CFM + silagem VFMW tratada com LAB, T_3: CFM + silagem VFMW tratada com ácido fórmico.

Tabela (16): Efeito dos tratamentos nos sólidos do leite e na produção de gordura (g/h/d).

treatment / period	T_1	T_2	T_3	**Overall mean**	**± SE**
I	96.50	89.54	130.26	**105.43**	11.26
II	107.58	98.99	74.47	**93.68**	8.61
III	73.38	102.36	87.90	**87.88**	5.05
Overall mean	**92.48**	**96.96**	**97.64**		
± SE	8.81	5.63	11.33		

T_1: CFM + Darawa, T_2: CFM + VFMW silage treated with LAB, T_3: CFM + VFMW silage treated with ácido fórmico.

Estes resultados estão de acordo com **Kung et al. (2003)** que relataram que a proteína do leite aumentou em 6,5% com vacas alimentadas com silagem tratada com LAB.

Além disso, **Taylor et al. (2002) obtiveram** a mesma tendência com vacas em lactação alimentadas com silagem tratada com LAB. **Volanis et al. (2006)** verificaram que a alimentação de ovelhas em lactação com silagem de polpa cítrica aumentou a proteína do leite em 3,6% em relação ao controlo. Além disso, estes resultados estavam de acordo com **Kholif et al. (2007).**

O rendimento médio global mais elevado foi obtido em T_2 (40,14 g/h/d), seguido de T_1 (34,65 g/h/d) e depois de T3 (32,98 g/h/d). Por outras palavras, o T_2 produziu mais 16,62% de proteínas totais do que o T_1. Enquanto que o T3 produziu um rendimento proteico total inferior ao T_1 em 4,82%. A análise estatística mostrou que as diferenças na produção total de proteínas afectadas pelos tratamentos e períodos de lactação não foram significativas (P>0,05).

2.5.5. Lactose:

O efeito da alimentação de cabras em lactação com silagens tratadas com VFMW no conteúdo de lactose do leite durante o período experimental foi mostrado na tabela (19) e na figura (16).

T1 registou os valores mais baixos de percentagem de lactose no primeiro e segundo períodos (4,43 e 4,26%). Enquanto que, no terceiro período, foi registado por T3 (4,11).

As médias gerais da percentagem de lactose no leite foram de 4,40, 5,28 e 4,81% para T1, T2 e T3, respetivamente. As diferenças entre os tratamentos e entre os períodos de lactação foram estatisticamente significativas (P<0,05).

No que diz respeito à produção média diária de lactose (g/h/d), é óbvio, a partir da tabela (20) e da figura (17), que o valor mais alto foi obtido pelo T2 (56,04 g/h/d), seguido pelo T3 (48,80 g/h/d) e depois pelo T1 (46,83 g/h/d). As diferenças entre os tratamentos foram significativas (P<0,05).

Tabela (17): Efeito dos tratamentos na proteína total do leite (%).

treatment / period	T1	T2	T3	Overall mean	± SE
I	3.52	3.90	3.30	**3.57**	0.14
II	3.86	2.67	3.56	**3.36**	0.18
III	3.18	4.41	2.78	**3.46**	0.17
Overall mean	**3.52**	**3.66**	**3.21**		
± SE	0.13	0.18	0.17		

T1: CFM + Darawa, T2: CFM + silagem de VFMW tratada com LAB, T3: CFM + silagem de VFMW tratada com ácido fórmico.

Tabela (18): Efeito dos tratamentos na produção de proteínas totais do leite (g/h/d).

treatment / period	T_1	T_2	T_3	**Overall mean**	**± SE**
I	36.79	36.17	39.43	**37.46**	2.39
II	41.29	30.65	31.81	**34.58**	3.06
III	25.87	53.60	27.70	**35.72**	3.88
Overall mean	**34.65**	**40.14**	**32.98**		
± SE	2.73	3.48	3.03		

T_1: CFM + Darawa, T_1: CFM + VFMW silage treated with LAB, T_2: CFM + VFMW silage treated with ácido fórmico.

Tabela (19): Efeito dos tratamentos na lactose do leite (%).

treatment / period	T_1	T_2	T_3	**Overall mean**	**± SE**
I	4.43	6.25	4.96	**5.21^a**	0.26
	4.26	4.45	5.37	**4.69^{ab}**	
II					0.20
III	4.5	5.15	4.11	**4.59^b**	0.24
Overall mean	**4.40^b**	**5.28^a**	**4.81^{ab}**		
± SE	0.15	0.29	0.23		

T_1: CFM + Darawa, T_1: CFM + silagem de VFMW tratada com LAB, T_2: CFM + silagem de VFMW tratada com ácido fórmico.

a, b, c As médias com diferentes sobrescritos são significativas (P<0,05).

Tabela (20): Efeito dos tratamentos na produção de lactose no leite (g/h/d).

treatment / period	T_1	T_2	T_3	Overall mean	± SE
I	50.98	85.12	46.13	**60.74^a**	8.53
II	54.31	38.38	59.79	**50.83^b**	5.49
III	35.20	44.63	40.50	**40.11^c**	2.04
Overall mean	**46.83**	**56.04**	**48.80**		
± SE	5.40	8.56	3.52		

T_1: CFM + Darawa, T_1: CFM + silagem de VFMW tratada com LAB, T_2: CFM + silagem de VFMW tratada com ácido fórmico.

'a, b, c médias com diferentes sobrescritos são significativas (P<0,05).

Além disso, foi detectada uma diminuição significativa da produção diária de lactose ao longo dos períodos de lactação, que foi positivamente correlacionada com a produção de leite. A análise estatística revelou diferenças não significativas (P>0,05) entre os tratamentos, enquanto que foi significativa (P<0,05) entre os períodos.

Tabela (21): Produção média diária de leite e composição das cabras alimentadas com rações experimentais.

Items	T_1	T_2	T_3
Yield (g/h/d)			
Milk	1064.8	1113.7	1069.6
4% FCM	915.9	993.4	980.6
Total Solids	120.31	130.06	131.69
Fat	27.87	33.11	34.02
Protein	34.65	40.14	32.98
Lactose	46.83	56.04	48.80
SNF	92.48	96.96	97.64
Milk composition %			
Total solids	12.10	12.27	12.56
Fat	3.07	3.24	3.34
Protein	3.52	3.66	3.21
Lactose	4.40^{b}	5.28^{a}	4.81^{ab}
SNF	9.03	9.03	9.22

a, b, c As médias com diferentes sobrescritos apresentam diferenças significativas ($P<0,05$).

2.6. Efeito dos tratamentos em alguns parâmetros do plasma sanguíneo:

2.6.1. Proteína total do plasma:

O efeito da alimentação de cabras em lactação com silagens tratadas com VFMW é apresentado na tabela (22) e na figura (18).

As médias gerais do teor de proteínas totais no plasma foram de 7,67, 7,99 e 8,32 g/dl, para T_1, T_2 e T_3, respetivamente. Por outras palavras, a proteína total do plasma aumentou gradualmente com a alimentação das silagens experimentais tratadas com VFMW. Resultados semelhantes foram relatados por **Kholif et al. (2007)**, que constataram que o teor de proteínas totais no soro era mais elevado em todos os grupos alimentados com silagem de farelo de soja tratada com agentes químicos, em comparação com o controlo. Quanto aos períodos, as médias gerais das proteínas totais plasmáticas foram de 8,07, 7,73 e 8,19 g/dl para os períodos I, II e III, por ordem respectiva. A proteína total plasmática reflecte o estado nutricional do animal e tem uma correlação positiva com a proteína da dieta **(Kumar et al., 1980).** A análise estatística indicou claramente que o período de lactação teve um efeito significativo ($P<0,05$) no teor de proteínas totais no plasma. Em geral, os valores actuais da proteína total plasmática estão dentro da gama normal registada por **Foad et al. (1965).**

2.6.2. Albumina plasmática:

O quadro (23) e a figura (19) mostram o efeito da alimentação com silagens tratadas com VFMW sobre o teor de albumina plasmática durante o período experimental.

As médias gerais da albumina plasmática foram de 3,75, 3,97 e 4,12 g/dl para T1, T2 e T3, respetivamente. Por outras palavras, o T2 e o T3 foram superiores ao T1; no entanto, as diferenças entre tratamentos não foram significativas (P>0,05).

Os valores actuais da albumina plasmática foram superiores aos dados comunicados por **Kholif et al. (2007)**, que registaram um teor de albumina sérica de 3,23 g/dl em cabras em lactação alimentadas com silagem de farinha de carne e ossos tratada com ácido fórmico.

Tabela (22): Efeito dos tratamentos na proteína total plasmática (g/dl).

treatment / period	T_1	T_2	T_3	Overall mean	± SE
I	7.66	7.33	9.23	8.07[a]	0.33
II	7.99	7.99	7.20	7.73[b]	0.18
III	7.37	8.65	8.54	8.19[a]	0.29
Overall mean ± SE	7.67 0.21	7.99 0.26	8.32 0.33		

T1: CFM + Darawa, T1: CFM + silagem de VFMW tratada com LAB, T2: CFM + silagem de VFMW tratada com ácido fórmico.

a, b, c As médias com diferentes sobrescritos são significativas (P<0,05).

Tabela (23): Efeito dos tratamentos na albumina plasmática (g/dl).

treatment / period	T1	T2	T3	Mean	±SE
I	4.36	4.23	4.59	**4.39**	0.12
II	3.64	4.57	3.77	**3.99**	0.21
III	3.25	3.11	4.00	**3.45**	0.31
Mean	**3.75**	**3.97**	**4.12**		
±SE	0.27	0.23	0.26		

T1: CFM + Darawa, T1: CFM + silagem de VFMW tratada com LAB, T2: CFM + silagem de VFMW tratada com ácido fórmico.

O aumento da quantidade de proteínas totais no plasma dos animais alimentados com silagens de farelo de trigo em comparação com o controlo pode indicar que estes animais cobrem as suas necessidades proteicas a partir das proteínas das rações tratadas, o que se caracteriza por uma maior solubilidade e digestibilidade em comparação com as proteínas da ração **de controlo (Khattab et al., 1999).**

A albumina plasmática diminuiu gradualmente com o avanço dos períodos de lactação, sendo de 4,39, 3,99 e 3,45 g/dl para os períodos I, II e III, respetivamente. As diferenças entre os períodos não foram significativas (P>0,05) (tabela 50).

2.6.3. Globulina plasmática:

A tabela (24) e a figura (20) mostram o efeito da alimentação com silagens tratadas com VFMW no conteúdo de globulina plasmática de cabras em lactação durante o período experimental. A análise estatística é apresentada na tabela (51).

As médias gerais de globulina plasmática para T1, T2 e T3 foram de 3,92, 4,01 e 4,01 g/dl, respetivamente. Por outras palavras, a globulina plasmática aumentou com a alimentação de silagens tratadas com VFMW. As diferenças entre os tratamentos não foram significativas (P>0,05). Os presentes resultados estão próximos dos relatados por **Kholif et al. (2007)**, que descobriram que o teor de globulina sérica era de 3,13 g/dl para cabras em lactação alimentadas com dietas contendo silagem VFMW e CFM.

As médias globais da globulina plasmática foram de 3,67, 3,73 e 4,53 g/dl para os períodos I, II e III, respetivamente. A análise estatística indicou claramente que os períodos de lactação tiveram um efeito significativo (P>0,05) no teor de globulina plasmática, mas os dados obtidos ainda se situam na gama normal de globulina plasmática.

Tabela (24): Efeito dos tratamentos na globulina plasmática (g/dl).

Treatment / period	T1	T2	T3	Mean	± SE
I	3.29	3.10	4.63	**3.67**[b]	0.34
II	4.34	3.42	3.43	**3.73**[b]	0.25
III	4.12	5.50	3.96	**4.53**[a]	0.40
Mean	**3.92**	**4.0**	**4.01**		
± SE	0.34	0.41	0.32		

T1: CFM + Darawa, T1: CFM + silagem de VFMW tratada com LAB, T2: CFM + silagem de VFMW tratada com ácido fórmico.

a, b, c As médias com diferentes sobrescritos são significativas (P<0,05).

2.6.4. Relação albumina plasmática: globulina (A/G):

A tabela (25) e a figura (21) mostram o efeito da alimentação com silagens tratadas com VFMW na relação A/G do plasma de cabras em lactação durante o período experimental. A análise estatística é apresentada na tabela (52).

Não houve diferenças significativas (P>0,05) entre os tratamentos nas médias gerais da relação A/G do plasma. As médias gerais da relação A/G do plasma nos diferentes tratamentos foram 1,20, 1,18 e 1,19 para T1, T2 e T3, respetivamente.

Relativamente à relação A/G do plasma ao longo dos diferentes períodos de lactação, não houve diferenças significativas (P>0,05) entre os períodos de lactação nas médias gerais da relação A/G do plasma. Os valores da relação A/G do plasma foram: 1,39, 1,16 e 1,02 para os períodos I, II e III, respetivamente. Os resultados do presente estudo estão de acordo com **Kholif et al. (2007)**, que sugeriram que as cabras alimentadas com silagem de FMLV apresentavam valores diferentes e insignificantes da relação A/G do plasma.

2.6.5. Ureia plasmática:

Está bem estabelecido que o azoto ureico é formado no fígado a partir do catabolismo das proteínas através do ciclo da ornitina, da citrulina e da arginina. Representa o principal produto final do catabolismo proteico. Esta substância não tem normalmente qualquer função útil no organismo para além de uma possível ação diurética ligeira e é excretada quase exclusivamente pelos rins. Os dados do quadro (26) e da figura (22) mostram o efeito dos tratamentos sobre a concentração de azoto ureico no plasma das cabras em lactação que receberam os diferentes tratamentos experimentais. A análise estatística dos dados é apresentada na tabela (52).

Houve diferenças significativas (P>0,05) entre os tratamentos nas médias gerais da concentração de azoto ureico no plasma. As médias gerais da ureia plasmática variaram de 12,60 em T2 a 19,24 g/dl em T1. Os valores da ureia plasmática foram: 19,24, 12,60 e 15,45 g/dl para T1, T2 e T3, respetivamente. Também houve diferenças significativas (P<0,05) entre os períodos de lactação.

Tabela (25): Efeito dos tratamentos no rácio A/G do plasma.

treatment / period	T_1	T_2	T_3	**Overall Mean**	**± SE**
I	1.69	1.44	1.03	**1.39**	0.18
II	0.88	1.51	1.10	**1.16**	0.15
III	1.02	0.60	1.43	**1.02**	0.18
Overall Mean	**1.20**	**1.18**	**1.19**		
± SE	0.18	0.16	0.19		

T1: CFM + Darawa, T1: CFM + silagem VFMW tratada com LAB, T2: CFM + silagem VFMW tratada com ácido fórmico.

Tabela (26): Efeito dos tratamentos na Ureia plasmática (g/dl).

Treatment / period	T_1	T_2	T_3	**Mean**	**± SE**
I	31.02	14.01	15.15	**20.06^a**	2.19
II	12.55	11.59	14.50	**12.88^b**	0.84
III	14.16	12.19	16.71	**14.35^b**	0.81
Mean	**19.24^a**	**12.60^b**	**15.45^b**		
± SE	2.15	0.44	0.61		

T1: CFM + Darawa, T1: CFM + silagem de VFMW tratada com LAB, T2: CFM + silagem de VFMW tratada com ácido fórmico.

a, b, c As médias com diferentes sobrescritos são significativas (P<0,05).

O valor mais elevado de ureia plasmática foi registado no primeiro período, enquanto que o valor mais baixo foi registado no segundo período. Os valores da concentração de ureia no plasma foram: 20,06, 12,88 e 14,35 g/dl para os períodos I, II e III, respetivamente.

Os resultados dos tratamentos estão de acordo com os obtidos por **Kholif et al. (2007)**, que registaram uma diminuição significativa da concentração de ureia no plasma com tratamentos de silagem tratados com VFMW.

De acordo com **Lewis *et al.* (1957)**, os padrões gerais da concentração de azoto amoniacal no rúmen são paralelos e os padrões da concentração de ureia no plasma foram propostos como teste suplementar para a eficiência da presente utilização em ruminantes. Os valores aparentemente normais obtidos no presente estudo para a ureia plasmática e o azoto amoniacal fluido do rúmen sugerem uma utilização eficiente do azoto das rações pelos microrganismos ruminais nas presentes condições experimentais.

2.6.6. Transaminase glutâmico-oxaloacética (GOT) plasmática:

Os valores médios da concentração plasmática de GOT das cabras nos tratamentos experimentais ao longo dos diferentes períodos de lactação são apresentados na tabela (27) e na figura (23). A análise estatística dos dados é apresentada no quadro (53). As médias gerais da concentração plasmática de GOT variaram entre 11,92 em T2 e 15,17 (unidades/dl) em T1. T2 e T3 diminuíram de forma insignificante (P>0,05) a concentração plasmática de GOT em comparação com T1. Os valores respectivos das concentrações plasmáticas de GOT foram: 15,17, 11,92 e 13,00 unidades/dl para T1, T2 e T3, respetivamente.

Não houve diferenças significativas (P>0,05) entre os períodos de lactação. A concentração de GOT no plasma diminuiu ligeiramente (P>0,05) com o avanço do período de lactação. As médias gerais da concentração plasmática de GOT foram: 16,13, 12,22 e 11,73 (unidades/dl) para os períodos I, II e III, respetivamente. Os resultados dos tratamentos com silagem VFMW estão de acordo com os obtidos por **Kholif et al. (2007)**, que registaram alterações insignificantes (P>0,05) com silagens tratadas com VFMW.

Tabela (27): Efeito dos tratamentos no GOT plasmático (U/dl).

Treatment / period	T_1	T_2	T_3	Mean	± SE
I	15.53	12.55	20.31	**16.13**	1.22
II	14.91	14.54	7.22	**12.22**	1.08
III	15.07	8.68	11.43	**11.73**	1.34
Mean	**15.17**	**11.92**	**13.00**		
± SE	1.29	1.29	1.27		

T1: CFM + Darawa, T1: CFM + silagem de VFMW tratada com LAB, T2: CFM + silagem de VFMW tratada com ácido fórmico.

Por outro lado, os nossos resultados estão em desacordo com os obtidos por **Khalil (2001)**, que observou que a concentração plasmática de GOT aumentou significativamente com a silagem de VFMW.

2.6.7. Transaminase glutâmico-piruvato plasmática (GPT):

Os valores médios da concentração plasmática de GPT das cabras nos tratamentos experimentais ao longo dos diferentes períodos de lactação são apresentados no quadro (28) e na figura (24). A análise estatística dos dados relativos à concentração de GPT no soro é apresentada no quadro (54).

Não houve diferenças significativas (P>0,05) entre os tratamentos nas médias gerais da concentração de GPT no plasma. As médias gerais da concentração de GPT no plasma variaram de 6,91 em T_2 a 7,51 (unidades/dl) em T_3. Os valores respectivos da concentração plasmática de GPT foram: 7,29, 6,91 e 7,51 (unidades/dl) para T_1, T_2 e T_3, por ordem respectiva.

No que respeita ao efeito dos períodos de lactação na concentração plasmática de GPT, não se registaram diferenças significativas (P>0,05) entre os períodos de lactação. O valor mais elevado foi registado no primeiro período (7,47), seguido do terceiro e segundo períodos (7,15 e 7,09 unidades/dl).

Os nossos resultados estão de acordo com os obtidos por **Khalil (2001)**, que verificou que a silagem de VFMW não afectou significativamente (P<0,05) a concentração de GPT no plasma das vacas.

Os valores actuais de GOT e GPT estão dentro dos valores normais e indicam uma atividade normal dos tecidos hepáticos dos animais. Consequentemente, os diferentes tratamentos de silagem de FMLV aplicados no presente estudo podem ser utilizados sem qualquer efeito adverso nas funções hepáticas.

Tabela (28): Efeito dos tratamentos na GPT plasmática (U/dl).

Treatment / period	T_1	T_2	T_3	Mean	± SE
I	7.38	6.78	8.24	**7.47**	0.26
II	7.14	7.06	7.07	**7.09**	0.09
III	7.36	6.88	7.21	**7.15**	0.09
Mean	**7.29**	**6.91**	**7.51**		
± SE	0.13	0.12	0.16		

T_1: CFM + Darawa, T_1: CFM + silagem de VFMW tratada com LAB, T_2: CFM + silagem de VFMW tratada com ácido fórmico.

2.6.8. Glicose plasmática:

A tabela (29) e a figura (25) mostram o efeito da glucose no plasma das cabras em lactação que receberam os diferentes tratamentos experimentais. A análise estatística dos dados é apresentada na tabela (55).

Não houve diferenças significativas (P>0,05) entre os tratamentos nas médias gerais da glucose plasmática. As médias gerais da glucose plasmática variaram entre 67,10 em T_1 e 71,1 mg/dl em T_2. T_2 e T3 aumentaram ligeiramente (P>0,05) a glucose plasmática em 5,98 e 3,56% do que T_1. Os valores respectivos da glucose plasmática foram: 67,10, 71,1 e 69,49 (mg/dl) para T_1, T_2 e T_3, respetivamente.

Não houve diferenças significativas (P>0,05) entre os períodos de lactação. Os valores da glucose plasmática diminuíram entre 70,78 mg/dl no primeiro período e 61,92 mg/dl no segundo períodond.

Harrison *et al.*, 1988; Walli,1994; Sharma *et al.*, 1998 e Sullivan e Martin,1999 sugeriram que o aumento da glucose plasmática com os tratamentos de silagem pode dever-se a digestibilidades mais elevadas de MS, OM e CF e a um teor mais elevado de AGTL, especialmente propionato, no rúmen dos animais experimentais. É interessante notar que a glucose no plasma sanguíneo dos diferentes tratamentos experimentais seguiu a mesma tendência da sua produção de leite, o que pode confirmar os resultados de **Clark *et al.*, (1977)** que afirmaram existir uma relação positiva entre a glucose no soro sanguíneo e a produção de leite. Estes resultados estão de acordo com as conclusões de **Kholif *et al.*, (2007)** que referiram que a glucose plasmática não foi afetada negativamente pela alimentação com silagem tratada com VFMW.

2.6.9. Colesterol plasmático:

A tabela (30) e a figura (26) mostram o efeito dos tratamentos no colesterol plasmático das cabras em lactação que receberam os diferentes tratamentos experimentais. A análise estatística dos dados é apresentada na tabela (56).

Houve diferenças significativas (P<0,05) entre os tratamentos nas médias gerais do colesterol plasmático. As médias gerais do colesterol plasmático variaram de 73,87 em T_1 a 88,27 mg/dl em T_2.

Tabela (29): Efeito dos tratamentos na glucose plasmática (mg/dl).

Treatment / period	T_1	T_2	T_3	Mean	± SE
I	76.96	77.2	58.19	**70.78**	4.01
II	62.90	59.7	63.13	**61.92**	3.65
III	61.45	76.4	87.15	**75.00**	4.20
Mean	**67.10**	**71.1**	**69.49**		
± SE	5.55	3.45	3.03		

T_1: CFM + Darawa, T_1: CFM + silagem de VFMW tratada com LAB, T_2: CFM + silagem de VFMW tratada com ácido fórmico.

Tabela (30): Efeito dos tratamentos no colesterol plasmático (mg/dl):

Treatment / period	T_1	T_2	T_3	Mean	± SE
I	85.10	64.02	55.77	**68.29**^{b}	3.82
II	71.79	96.31	66.83	**78.31**^{ab}	4.16
III	64.74	104.49	104.73	**91.32**^{a}	6.686
Mean	**73.87**^{b}	**88.27**^{a}	**75.78**^{ab}		
± SE	4.76	5.84	6.00		

T_1: CFM + Darawa, T_1: CFM + silagem de VFMW tratada com LAB, T_2: CFM + silagem de VFMW tratada com ácido fórmico.

a, b, c As médias com diferentes sobrescritos são significativas (P<0,05).

Os valores do colesterol plasmático foram: 73,87, 88,27 e 75,78 mg/dl para T_1, T_2 e T_3, respetivamente.

Relativamente ao efeito dos períodos de lactação na concentração de colesterol plasmático, verificaram-se diferenças significativas (P>0,05) entre os períodos de lactação. As médias gerais das concentrações de colesterol plasmático aumentaram gradualmente com o avançar dos períodos de lactação. Os valores da concentração de colesterol no plasma foram: 68,29, 78,31 e 91,32 (mg/dl) para os períodos I, II e III, respetivamente.

As médias gerais dos parâmetros de plasma sanguíneo testados dos diferentes tratamentos foram resumidas na Tabela (31).

Tabela (31): Efeito dos tratamentos experimentais em alguns parâmetros do plasma sanguíneo de cabras em lactação.

Items	T_1	T_2	T_3
Total protein (g/dl)	7.67	7.99	8.32
Albumin (g/dl)	3.75	3.97	4.12
Globulin (g/dl)	3.92	4.01	4.01
A/G ratio	1.20	1.18	1.19

Urea (g/dl)	19.24^{a}	12.60^{b}	15.45^{a}
GOT (U/dl)	15.17	11.92	13.00
GPT (U/dl)	7.29	6.91	7.51
Cholesterol (mg/dl)	73.87^{b}	88.27^{a}	75.78^{ab}
Glucose (mg/dl)	67.10	71.10	69.49

a, b, c As médias com diferentes sobrescritos apresentam diferenças significativas (P<0,05).

Resumo e conclusão

Este estudo foi efectuado na Estação Experimental da Faculdade de Agricultura da Universidade do Cairo e no Departamento de Ciência dos Lacticínios do Centro Nacional de Investigação.

O objetivo deste estudo é preparar silagens a partir de resíduos de mercados de vegetais e frutas tratados com alguns aditivos e avaliar o seu desaparecimento in vitro de matéria seca e valores nutritivos. Além disso, estudar o efeito da alimentação das cabras em lactação com as silagens tratadas sobre a produção de leite, a composição do leite e alguns parâmetros do rúmen e do plasma sanguíneo.

1. Estudo in vitro:

Foram produzidos onze tipos de silagens a partir de resíduos de mercados de frutas e legumes (VFMW) tratados com alguns agentes químicos e bactérias do ácido lático para avaliar a qualidade da silagem e o desaparecimento da matéria seca in vitro. Os resultados relativos ao desaparecimento in vitro da matéria seca (IVDMD) dos diferentes tratamentos são apresentados no quadro (3). O IVDMD foi de 46,5, 54,0, 49,86, 55,0, 46, 48,4, 56,6, 47, 43,8 e 48,45% para o controlo, Fórmico, Propiónico, Acético, LAB, Fórmico + Propiónico, Fórmico + Acético, LAB + Fórmico, LAB + Propiónico, LAB + Acético e Acético + Propiónico, respetivamente. Estes valores foram significativamente diferentes (P<0,05). Os valores mais elevados foram registados para (LAB+For), (LAB) e (Fórmico) seguidos por (Propiónico), (Ace+Pro) e (For+Ace) e depois (LAB+Pro), (Controlo), (Acético), (For+Pro) e (LAB+Ace).

2. Estudo in vivo:

Seis cabras Zaraibi em lactação (com um peso médio de 33,9 kg), após 7 dias de parto, foram divididas em três grupos, utilizando um desenho de quadrado latino 3x3, para estudar o efeito dos tratamentos na produção e composição do leite. Os animais foram alimentados com dietas basais constituídas por 50% de concentrado: 50% de forragem grosseira. O primeiro grupo foi alimentado com uma mistura de alimentos concentrados (CFM) e a fonte de forragem grosseira foi a Darawa (T1). O segundo grupo foi alimentado com 50% de CFM + 50% de silagem de resíduos de mercados de frutas e legumes (VFMW) tratados com bactérias de ácido lático (T2). O terceiro grupo foi alimentado com 50% de CFM + 50% de silagem de VFMW tratada com ácido fórmico (T3).
No último dia de cada período experimental, foram colhidas amostras de licor ruminal de cada animal a zero, 3 e 6 horas após a alimentação grosseira, por sonda gástrica, para determinação do pH ruminal, do azoto total, do azoto amoniacal e dos ácidos gordos totais.
As amostras de plasma sanguíneo foram colhidas de cada animal no último dia de cada período experimental, 3 horas após a alimentação com ração, a partir da veia jugular. As amostras foram analisadas quanto a proteínas totais, ureia, GOT, GPT, albumina, globulina, glucose e colesterol. Foi aplicado um método de amostragem em que a cinza insolúvel em ácido (AIA) foi utilizada como marcador interno para determinar a digestibilidade dos nutrientes. Os animais foram ordenhados à

mão (duas vezes por dia) e o leite foi registado para cada ordenha. Amostras representativas do leite combinado da manhã e da tarde foram analisadas quanto à gordura do leite, sólidos totais (ST), sólidos sem gordura (SNF), proteína total (TP), teor de cinzas e teor de lactose.

Os resultados obtidos neste estudo podem ser resumidos da seguinte forma:

A) Consumo de ração e coeficientes de digestão aparente dos nutrientes.

A ingestão de MS de cabras em lactação tratadas com T2 foi ligeiramente aumentada do que aquelas tratadas com T3 e T1 sendo 1186, 1084 e 1083 g / h / d, respetivamente. Os tratamentos T2 e T3 aumentaram significativamente (P<0,05) os coeficientes de digestão de MS, OM, CP, CF e EE em comparação com T1.

B) Resultados dos parâmetros do licor ruminal.

As cabras alimentadas com T2 e T3 aumentaram ligeiramente o pH ruminal do que Ti. Em contraste, as concentrações de TVFA foram mais elevadas em Ti do que em T2 e T3. A concentração de amónia-N diminuiu com T3 e T2 do que Ti. Por outro lado, o azoto total aumentou nos animais alimentados com T2 e T3 em comparação com Ti.

C) Resultados da produção e composição do leite.

1. Os grupos alimentados com T2 e T3 aumentaram ligeiramente a produção de leite em relação ao Ti. Além disso, a produção de leite corrigida pela gordura aumentou ligeiramente (P>0,05) em T2 e T3. Os valores médios foram i064.8, iii3.7 e i069.6 g/h/d para Ti, T2 e T3, respetivamente. E os valores do leite com gordura corrigida foram 9i5.9, 993.4 e 980.6 g/h/d para Ti, T2 e T3, respetivamente.
2. A percentagem de sólidos totais do leite aumentou ligeiramente (P>0,05) com T2 e T3, e a produção de ST também aumentou ligeiramente (P<0,05) com T2 e T3 em comparação com Ti. Os valores respectivos foram; i2.i0, i2.27 e i2.56% para a percentagem de ST e i20.3i, i30.06 e i3i.69 (g/h/d) para a produção de ST, para Ti, T2 e T3, respetivamente.
3. A gordura do leite e a FDN (%) registaram um aumento insignificante (P>0,05) com os tratamentos em comparação com Ti. Os valores foram; 3.07, 3.24 e 3.34 % para gordura (%) e 9.03, 9.03 e 9.22 % para SNF (%) para Ti, T2 e T3, respetivamente. Enquanto que a proteína total do leite aumentou ligeiramente (P>0,05) em T2, seguido por Ti e depois T3, sendo: 3,52, 3,66 e 3,2i% para Ti, T2 e T3, respetivamente. Por outro lado, T2 aumentou insignificantemente (P<0,05) os rendimentos de gordura e SNF em comparação com Ti. Os valores foram: 27,87, 33,ii e 34,02 (g/h/d) para a produção de gordura, 92,48, 96,96 e 97,64 (g/h/d) para a produção de FDN e, enquanto que a produção de proteínas totais teve a mesma tendência de percentagem de proteínas totais: 34,65, 40,i4 e 32,98 (g/h/d) para o rendimento de proteína total, para Ti, T2 e T3, respetivamente.
4. A porcentagem de lactose do leite aumentou significativamente (P<0,05) com T2, e o rendimento de lactose também aumentou significativamente (P<0,05) com T2 e T3 em comparação com Ti. Os valores respectivos foram: 4.40, 5.28 e 4.8i % para a percentagem de lactose e 46.83, 56.04 e 48.80 (g/h/d) para a produção de lactose, para Ti, T2 e T3, respetivamente.

D) Resultados dos parâmetros do soro sanguíneo.

1- As proteínas totais plasmáticas (PT), a albumina e a globulina aumentaram ligeiramente (P>0,05) com T2 e T3 em comparação com T1, no entanto, a relação A/G não foi afetada pelos tratamentos. Os valores foram: 7,67, 7,99 e 8,32 (g/dl) para a PT plasmática, 3,75, 3,97 e 4,12 (g/dl) para a albumina plasmática, 3,92, 4,01 e 4,01 (g/dl) para a globulina plasmática e 1,20, 1,18 e 1,19 para a relação A/G, respetivamente para T1, T2 e T3.

2- Os valores da ureia plasmática foram afectados pelos tratamentos. Os valores foram: 19,24, 12,60 e 15,45 (g/dl) para T1, T2 e T3, respetivamente.

3- Os caprinos do grupo alimentado com T2 diminuíram ligeiramente (P<0,05) a atividade dos GOT e GPT plasmáticos em comparação com os outros tratamentos. Os valores respectivos foram: 15,17, 11,92 e 13,00 (unidades/dl) para GOT plasmático, 7,29, 6,91 e 7,51 (unidades/dl) como GPT plasmático para T1, T2 e T3, respetivamente.

4- A glucose plasmática aumentou ligeiramente (P>0,05) em T2 e T3 em comparação com T1. Os valores foram: 67,10, 71,11 e 67,49 (mg/dl) para T1, T2 e T3. No entanto, o colesterol plasmático registou um aumento significativo (P<0,05) em T2 e T3 em comparação com T1. Os respectivos valores de colesterol plasmático (mg/dl) foram: 73,87, 88,27 e 75,78 para T1, T2 e T3, respetivamente.

Em geral, os valores dos parâmetros do plasma sanguíneo estavam dentro dos limites normais.

CONCLUSÃO

A alimentação com silagem de farelo de soja tratada com bactérias do ácido lático ou ácido fórmico melhorou o desempenho produtivo de cabras em lactação, no que diz respeito à produção e composição do leite. A silagem de farelo de carne pode ser utilizada com sucesso na ração de cabras em lactação até 50% do DMI/animal/dia.

Referências

A.O.A.C. (1995). Métodos Oficiais de Análise da AOAC International, 16th Ed. Vol. 1, "Agricultural, Chemicals, Contaminants, Drugs". Washington, D. C., EUA.

Abo El-Nor S. A. H. e S. M. Kholif (2005). Impacto do suplemento de acetato de sódio e succinato de sódio nas rações de cabras em lactação sobre a produção de leite, a composição do leite e alguns parâmetros ruminais e sanguíneos. Egy. J. Nutr. Feeds, 8 (1):15

Adesogan A. T. e M. B. Salawu (2004). Efeito da aplicação de ácido fórmico, bactérias heterolácticas ou bactérias homolácticas e heterolácticas na fermentação de bi-culturas de ervilhas e trigo. J. Sci. Food Agric., 84:983.

Adesogan A. T., M. B. Salawu, A. B. Ross, D. R. Davies e A. E. Brooks (2003). Effect of *Lactobacillus buchneri, Lactobacillus fermentum, Leuconostoc mesenteroides* inoculants, or a chemical additive on the fermentation, aerobic stability and nutritive value of crimped wheat grains. J. Dairy Sci., 86:1789.

Adesogan A. T., M.B. Salawu, E.R. Deaville (2002). The effect on voluntary feed intake, in vivo digestibility and nitrogen balance in sheep of feeding grass silage or pea-wheat intercrops differing in pea to wheat ratio and maturity. Animal Feed Science and Technology 96: 161-173.

Aksu T., E. Baytok, M. A. Karsli, H. Muruz (2006). Efeitos do ácido fórmico, melaço e aditivos inoculantes na composição da silagem de milho, digestibilidade da matéria orgânica e síntese de proteína microbiana em ovinos. Small Ruminant Research 61: 29-33.

Aksu T.; E. Baytok; D. Bolat (2004). Efeitos de um inoculante bacteriano de silagem na fermentação da silagem de milho e na digestibilidade dos nutrientes. Small Ruminant Research 55: 249-252.

Baraghit, G.A., B.M. Ahmed, A.F. Shehata e H.T., Taie (1995). Efeito da ingestão de trevo por ovinos e caprinos na cinética da digestão. Proc. 5th Sci. Conf. Animal Nutrition. 1: 153. Ismailia.

Barrnett A. J. G. e G. Abd El-Tawab (1957). Determinação da lactose no leite e no queijo. J. Sci. Food Agric., 8: 437.

Bassiouni, M. A. Mostafa, M. R. M.; M. F. El-Sayes; M. K. Hathout e K. E. I. Etman (1999). Utilização de cenoura na alimentação de ovinos. Jornal Egípcio de Nutrição e Alimentos. Vol. (2) 223.

Belibasakis N.G. e Tsirgoyianni (1996). Efeito da polpa de citrinos seca na produção de leite, na composição do leite e nos componentes sanguíneos das vacas leiteiras. Animal Feed Science and Tech. 60: 1.2, 87-92.

Ben-Ghedalia, D., Yosef, E., Miron, J., Est, Y., 1989. The effects of starch and pectin rich diets on quantitative aspects of digestion in sheep. Anim. Feed Sci. Techno. 24, 289-298.

Bouquet C. V. e L. O. Fiems (1988). Subprodutos vegetais de origem agroindustrial. Livestock Prod. Sci., 19:97.

British Standard Institution (1951). Método Gerber para a determinação da gordura no leite e nos produtos lácteos. Pub. No. 696 Parte 2.

Burrin, D.G. e R.A. Britton (1986). Response to monensin in cattle during sub acidosis J. Anim. Sci. 63: 888.

Cai Y., Y. Benno, M. Ogawa e S. Kumai (1999). Effect of Applying Lactic Acid Bacteria Isolated from

Forage Crops on Fermentation Characteristics and Aerobic Deterioration of Silage. J Dairy Sci 82:520-526.

Clark J.H.; H. R. Spires; R. G. Derring e M. R. Bennink (1977). Produção de leite, utilização de nitrogênio e síntese de glicose em vacas lactantes infundidas pós-retroalimentadas com caseinato de sódio e glicose. J. Nutr., 107: 631-644.

Doumas, B., W. Wabson e H. Biggs (1971). Padrões de albumina e medição do soro com verde de bromocresol. Clin. Chem. Ata, 31: 87.

Duncan, D.B. (1955). Multiple range and multiple F tests. Biometria, 11:1.

El-Sayed H. M. (2002). Influência do suplemento de acetato de sódio na ração sobre o desempenho produtivo de cabras em lactação. Egyptian J. Nutrition and Feeds, 5: 71.

El-Sayed, I.M., (1994). Avaliação do valor nutritivo de algumas culturas, resíduos de vegetais e frutos. Tese de Mestrado, Fac. Agri, Univ. do Cairo, Egito.

Filya I., (2003). The Effect of *Lactobacillus buchneri* and *Lactobacillus plantarum* on the Fermentation, Aerobic Stability, and Ruminal Degradability of Low Dry Matter Corn and Sorghum Silages. J. Dairy Sci. 86:3575-3581.

Flackowsky, G., Koch, H., Tiroke, K., Mathey, M., 1993. Influência da relação entre a palha de trigo e a cevada moída, o milho moído ou a polpa de beterraba sacarina seca na degradação da matéria seca in sacco da fermentação ruminal do centeio e da palha de trigo e na digestibilidade aparente em ovinos. Arch. Tierernahr. 43, 157-167.

Flegg H.M., Ann Clin Biochem (1973) 10: 79.

Flynn, A. V. (1981). Factors affecting the feeding value of silage In: Recent advances in animal Nutrition. Willin Haresigen Butteworths.

Foad, M. T.; M.H. Ayoub; Y. L. Awad; M. A. Soliman; M.E. Geory e A.A. El-Molla (1965). Padrão electroforético e fosfatase alcalina em bovinos após tratamento com carbontetracolride. "Roc. 6th ann. Vet. Congr. 8-13 de maio, 195-204.

Forbes R. M. e W. P. Garrigus (1948). Aplicação de uma técnica de rácio de lenhina para a determinação da ingestão de nutrientes de animais em pastoreio. J. Anim. Sci., 7: 373-382.

Gabr, A. A.; A. Z. Mehrez, M. Y. El-Ayek e E. Kh. Hamed (1996). Avaliação nutricional de resíduos de mercado de frutas e vegetais como alimentos para ovinos. Proc. 5th Sci. Conf. Animal Nutrition, Vol. 1: 179-189, Ismailia, Dez.

Gaines W. L. (1928). A base energética da medição da energia do leite em vacas leiteiras. Univ. Illinois Agric.

Gallup, W. D.; C. S. Hobbs e H. M. Briggs (1945). A utilização de sílica como substância de referência em ensaios de digestão com ruminantes. J. Anim. Sci., 4: 68-71.

Garrett, W.N. 1980. Utilização de energia por bovinos em crescimento determinada por 72 experiências comparativas de abate. Energy Metab. Proc. Symp. 26:3- 7.

Giacomini, D. G, J. H. Clark e J.L. Vicini, (1985). Effect of sequence of feeding on rumenal fermentation, milk yield and milk composition. J. Dairy Sci. 68 (suppl. 1):1342.

Guo, X.S. et al., Characterization of protein fractions and amino acids in ensiled alfalfa treated with different chemical additives, Anim. Feed Sci. Technol. (2007),doi:10.1016/j.anifeedsci.2007.07.005 (In Press).

Hadjipanayiotou, M. (1993). Ingestão voluntária de silagem de polpa de citrinos e de cama de aves de capoeira por vitelos Frísios, borregos de Chios e cabritos de Damasco em crescimento. Boletim Técnico 155. Instituto de Investigação Agrícola, Nicósia.

Hadjipanayiotou, M. (1994). Consumo voluntário e desempenho de animais ruminantes a quem foi oferecida silagem de bagaço de azeitona de cama de aves. Livestock Research for Rural Development 6:10.

Harrison G. A.; R. W. Hemken; K. A. Dawson; R. J. Harmon e K. B. Barker (1988). Influência da adição de suplemento de cultura de levedura a dietas de vacas em lactação na fermentação ruminal e nas populações microbianas. J. Dairy Sci., 71:, 2967-2975.

Henry, J.B., Todd, Sanford, Davidson (1974): Clinical Diagnosis and Measurement by Laboratory methods, 16th ed., W. B. Saunders and Co., Philadelphia PA. p 260.

Hristov A. N.; e T. A. McAllister (2002). Effect of inoculants on wholecrop barley silage fermentation and dry matter disappearance in situ. J. Anim. Sci. 80:510-516.

Hume, I.D., R.J. Moir e M. Somers, (1970). Síntese de proteína microbiana no rúmen. 1. Influência do nível de ingestão de azoto. Aust. J. Agri. Res. 21: 283.

Kayouli C. e S. Lee (1998). Silagem de subprodutos para pequenos agricultores. Informação da Conferência Eletrónica da FAO sobre Silagem Tropical. setembro-dezembro, pp: 67-101.

Kayouli C., D. Demeyer e M. Accacha (1993). Avaliação da cama de aves de capoeira e dos bagaços de azeitona como alimento alternativo para a produção de ruminantes na Tunísia. Proc. da Conf. Internacional sobre o aumento da produção pecuária através da utilização de pesquisas locais. 18-22 de outubro, Bejing, China PP. 420-440.

Khalil M. A. (2001). Utilização de resíduos do mercado de vegetais na alimentação de vacas leiteiras. Tese de doutoramento, Landwirtschafthlich Gartnererischen Fackultat, Humboldt Universitat, Berlim, Alemanha.

Khattab H. M.; El-Sayed H. M.; Abo El-Nor S.A.H.; Saada M. Y. e Abd El-Shaffy O. H. (1999). Avaliação de uma mistura de subprodutos agro-industriais para alimentação de cabras. Jornal Egípcio de Nutrição e Alimentação. Vol. (2) 243.

Kholif, A. M.; H. M. El-Sayed e S. A. H. Abo El-Nor (1996). Date seeds as anew component in diets for dairy animals' 3- o efeito da suplementação com date seeds na ração de cabras em alguns parâmetros ruminais e do soro sanguíneo. Egyptian J. Dairy Science 24:153.

Kholif, S.M., S.A.H., Abo El-Nor e M.M., Khorshed, 2007. Efeito da adição de alguns agentes químicos aos resíduos ensilados de legumes e frutas na qualidade da silagem e no desempenho de cabras em lactação. Int. J. Dairy Sci. 2 (4): 312-320.

Kumar N. U.; B. Singh e D. N. Verma (1980). Effect of different levels of dietary protein and energy on growth of male buffalo calves. Ind. J. Anim. Sci., 51: 513.

Kumar U.; V. K. Sareen; S. Singh; U. Kumar e S. Singh (1997). Efeito do suplemento de cultura de levedura nas populações microbianas ruminais e no metabolismo de vitelos búfalos alimentados com uma dieta rica em volumoso. J. of the Sci. of Food and Agric., 73: 2, 231-236.

Kung L. e N. K. Ranjit (2001). O efeito de Lactobacillus buchneri e outros aditivos na fermentação e estabilidade aeróbica da silagem de cevada. J. Dairy Sci., 84:1149.

Kung L., Jr., C. C. Taylor, M. P. Lynch e J. M. Neylon (2003). The Effect of Treating Alfalfa with *Lactobacillus buchneri* 40788 on Silage Fermentation, Aerobic Stability, and Nutritive Value for Lactating Dairy Cows. J. Dairy Sci. 86:336-343.

Kung L., JR., J. H. Chen, E. M. Kreck, e K. Knutsen (1993). Effect of Microbial of Corn Silage for Inoculants on the Nutritive Value Lactating Dairy Cows. J Dairy Sci 76:3763-3770.

Manual de Laboratório (1949). Método de análise do leite e dos seus produtos. Milk Industry Function, Washington, SD. C.

Lashin, M. E.; Saad, E. A.; Salama, H. A. e Abd El-Salam, O. M. M. (1995). Utilização de resíduos de citrinos, vagens de ervilha e alcachofra como silagem para vitelos búfalos. Proc. 5th Sci. Conf. Animal Nutrition, Vol. 1: 137144, Ismailia, Dec.

Lewis D.; K. J. Hill e E. F. Annison (1957). Studies on the partal blood of sheep-absorption of ammonia from the rumen of the sheep. Biochem. J., 66: 587.

Lien, L. V., Sansouscy, R. e Thien, N. (1994). Conservação de cabeças de camarão e sangue animal com melaço e sua alimentação com um suplemento para suínos. In: Proceedings of National Seminar Workshop (Sustainable Livestock Production on Local Feed Resources" (Ed. T. R. Preston, B. ogle, Le Viet Ly e Lu Trong Hieu), Cidade de Ho Chi Minh, 22-27 de novembro de 1993. pp 59-62.

Ling E. R. (1963). "Text Book of Dairy Chemistry" Vol. II. Practical Chapman and Hall, L.T.D., Londres. 3ª ed.

Madrid, J., Hernandez, F., Pulgas, M.A., Cid, J.M., 1997. Suplementação com ureia e subprodutos de citrinos em dietas à base de palha para caprinos: efeitos na digestibilidade da palha de cevada. Small Rumin. Res.24, 149155.

Martens, D. R., 1978.Effect of Buffers upon Fiber Digestion. Trabalho convidado no Simpósio de Regulação do Equilíbrio Ácido-Base, Arizona Inn, Tucson, Arizona, 8-9 de novembro de 1978, PP: 65.

Mathison, G.W. e L.P. Milligan, (1971). Nitrogen metabolism in sheep (Metabolismo do azoto nos ovinos). Br. J. Nutr. 25: 351.

Moe, P.W., e H.F.Tyrrell.1972. O valor energético líquido dos alimentos para a lactação. J. Dairy Sci. 55:945- 958.

Mohi- El-Din, A. (1998). Estudos nutricionais sobre a utilização de subprodutos da beterraba sacarina na alimentação de vacas em lactação. Tese de doutoramento. Fac. of Agri, Mansoura Univ. Egito.

Moloney A. P. e P. O. O'Kiely (1994). Fermentação ruminal e degradabilidade em novilhos a quem foi oferecida silagem de erva feita sem aditivo, com ácido fórmico ou com uma mistura parcialmente neutralizada de ácidos orgânicos alifáticos. Irish J. Agric. And Food Research, 33:11.

Mustafa A. F., P. Seguin, D. R. Ouellet, e I. Adelye (2000). Effects of Cultivars on Ensiling Characteristics, Chemical Composition, and Ruminal Degradability of Pea Silage. J. Dairy Sci. 85:34113419.

Mustafa A. F.; P. Seguin, D. R. Ouellet, e I. Adelye (2002). Efeitos das Cultivares nas Caraterísticas de Ensilagem, Composição Química e Degradabilidade Ruminal da Silagem de Ervilha. J.

Dairy Sci. 85 (12):3411-3419.

Nagel S. A. e G. A. Broderick (1992). Effect of Formic Acid or Formaldehyde Treatment of Alfalfa Silage on Nutrient Utilization by Dairy Cows (Efeito do tratamento com ácido fórmico ou formaldeído da silagem de alfafa na utilização de nutrientes por vacas leiteiras). J Dairy Sci 75:140-154.

Norris K. H. (1976). Previsão da qualidade da forragem por espetroscopia de reflectância no infravermelho. J. Anim. Sci., 43: 889

O'Kiely P. O. (1996). Performance of beef cattle offered grass silages made using bacterial inoculants, formic acid or sulphuric acid. Irish J. Agric. And Food Research, 35:1.

Okine A.; M. Hanada; Y. Aibibula; M. Okamoto (2005). Ensilagem de polpa de batata com ou sem inoculantes bacterianos e seu efeito na qualidade da fermentação, composição de nutrientes e valor nutritivo. Animal Feed Science and Technology 121: 329-343.

Ranjit N. K. e L. Kung, Jr. (2000). The Effect of *Lactobacillus buchneri, Lactobacillus plantarum,* or a Chemical Preservative on the Fermentation and Aerobic Stability of Corn Silage (O Efeito de *Lactobacillus buchneri, Lactobacillus plantarum* ou um Conservante Químico na Fermentação e Estabilidade Aeróbica da Silagem de Milho). J Dairy Sci 83:526-535.

Reitman, S. e S. Frankel (1957). Método colorimétrico para a determinação da transaminase sérica glutâmico-oxaloacética e glutâmico-pirovato. An. J. Clin. Path, 28: 56.

Sharma R.; O. P. Nagia; M. Gupta e R. Sharma (1998). Efeito da cultura de levedura *(Saccharomyces cerevisiae)* e da suplementação com meio de crescimento na fermentação ruminal em vitelos búfalos alimentados com uma dieta rica em fibras. International J. of Anim. Sci., 13: 2, 121-126.

Siest G.; J. Henny e F. Schiele (1981). Inter pretation des examens de laboratoire. Karger ed. 206.

Snedecor, G. W. e W. G. Cochran (1982). Statistical Methods. 7th ed. Iowa State Unvi. Press, Ames, Iowa, EUA.

Spring P. e C. Wenk (1993). Alterações na atividade ruminal com suplementos da cultura de levedura Yea Sacc1026 num sistema contínuo de simulação ruminal. Landwirtschaft Schweiz, 6: 245-247.

SPSS (2002). SPSS Release 11.5 for Windows, Guia do Utilizador, SPSS Inc.

Steel, R.G.D. e J.H. Torrie (1980). Principles and procedures of statistical analysis. 2nd ed. Mc Grow-Hill; Londres.

Stokes M. R. (1992). Effects of an Enzyme Mixture, an Inoculant, and Their Interaction on Silage Fermentation and Dairy Production (Efeitos de uma mistura de enzimas, um inoculante e a sua interação na fermentação da silagem e na produção de leite). J Dairy Sci 79764-773

Sullivan H. M. e S. A. Martin (1999). Efeitos de uma cultura de Saccharomyces cerevisiae na fermentação in vitro de microrganismos ruminais mistos. J. Dairy. Sci., 82: 2011-2016.

Taie, H.T., (1993). Digestibilidade e fermentação ruminal afectadas pelas espigas de milho tratadas com ureia em comparação com o feno de Berseem em ovelhas fistuladas. Minofiya J. Agri. Res. 14:239.

Taylor C. C., N. J. Ranjit, J. A. Mills, J. M. Neylon, e L. Kung, Jr. (2002). The Effect of Treating Whole-Plant Barley with *Lactobacillus buchneri* 40788 on Silage Fermentation, Aerobic Stability, and

Nutritive Value for Dairy Cows (O efeito do tratamento da cevada de planta inteira com *Lactobacillus buchneri* 40788 na fermentação da silagem, estabilidade aeróbica e valor nutritivo para vacas leiteiras). J. Dairy Sci. 85:1793-1800.

Tilley J. M. H. e R. A. Terry (1963). Uma técnica de duas fases para a digestão in vitro de culturas forrageiras. J. Brit. Grass Soc., 18: 104-111

Volanis M., P. Zoiopoulos, E. Panagou, C. Tzerakis, 2006. Utilização de uma mistura de polpa de citrinos ensilada na alimentação de ovelhas leiteiras em lactação. Small Ruminant Research 64: 190-195.

Volanis M.; P. Zoiopoulos; K. Tzerakis. (2004). Effects of feeding ensiled sliced oranges to lactating dairy sheep. Small Ruminant Research 53: 15-21.

Walker, R.A. e C.J. Nader, (1970) Rumen microbial protein synthesis in relation to energy supply: durinal variation. Asut. J. Anal. Ed. 1: 747.

Walli T. K. (1994). O papel da cultura de leveduras no ecossistema ruminal e no desempenho animal. International J. Anim. Sci., 9: 117-121.

Warner A. C. J. (1964). Produção de ácidos gordos voláteis no rúmen. Métodos de medição. Nutr. Abst. & Rev., 34:339.

Whiter A. G. e L. Kung, Jr. (2001). O Efeito de uma Aplicação Seca ou Líquida de *Lactobacillus plantarum* MTD1 na Fermentação da Silagem de Alfafa. J. Dairy Sci. 84:2195-2202.

Wilson R. F. e R. J. Wilkins (1973). Ácido fórmico como aditivo para silagem. 1. Efeito do ácido fórmico na fermentação em silos de laboratório. J. Agric. Sci., Cambridge, 81:117.

Woolford M. K., (1984). A fermentação da silagem. Marcel Dekker Inc. Nova Iorque, EUA.

Yadav M. S.; B. P. Sengupta; W. G. Vale (ed.); V. H. Barnabe (ed.) e J. C. A. Mattos de (1994). O efeito da cultura de levedura comercial *(Saccharomyces cerevisiae)* em alguns parâmetros metabólicos e sanguíneos do rúmen em bezerros búfalos fêmeas. Actas 4th Congresso Mundial de Búfalos; K. A. Beauchemin, 27-30 de junho de 1994, Vol. 2, 245-247.

ÍNDICE DE CONTEÚDOS

MIX
Papier aus verantwortungsvollen Quellen
Paper from responsible sources
FSC® C105338

Printed by Books on Demand GmbH, Norderstedt / Germany